高等职业学校"十四五"规划土建类专业立体化新形态教材

装配式建筑施工技术

主　编　丁志胜　李春霞
副主编　徐燕丽　项旺保　陈金洪
主　审　符晶华

华中科技大学出版社
中国·武汉

图书在版编目（CIP）数据

装配式建筑施工技术/丁志胜,李春霞主编. —武汉:华中科技大学出版社,2023.4
ISBN 978-7-5680-9354-5

Ⅰ. ①装… Ⅱ. ①丁… ②李… Ⅲ. ①装配式构件-建筑施工 Ⅳ. ①TU3

中国国家版本馆 CIP 数据核字(2023)第 061582 号

装配式建筑施工技术　　　　　　　　　　　　　　丁志胜　李春霞　主编
Zhuangpeishi Jianzhu Shigong Jishu

策划编辑：胡天金
责任编辑：陈　忠
封面设计：金　刚
责任校对：谢　源
责任监印：朱　玢
出版发行：华中科技大学出版社（中国·武汉）　　电话：(027)81321913
　　　　　武汉市东湖新技术开发区华工科技园　　邮编：430223
录　　排：华中科技大学惠友文印中心
印　　刷：武汉科源印刷设计有限公司
开　　本：787mm×1092mm　1/16
印　　张：11.25
字　　数：267 千字
版　　次：2023 年 4 月第 1 版第 1 次印刷
定　　价：49.80 元

前　言

2016 年 9 月 27 日,国务院办公厅发布《关于大力发展装配式建筑的指导意见》,提出力争用 10 年左右的时间,使装配式建筑占新建建筑面积的比例达到 30%。装配式建筑施工技术是土木专业、建筑工程技术专业、工程造价专业和智能建造专业的必修课程,对培养学生的职业能力和职业素养有着重要的作用。

本书根据现行的《装配式混凝土结构技术规程》(JGJ 1—2014)、《装配式混凝土建筑技术标准》(GB/T 51231—2016)和其他有关规范、标准、标准图集编写,采用信息技术在书中插入二维码,链接大量的视频、图片、案例等数字资源,具有及时性、先进性。本书采用校企合作方式编写,由中建三局科创产业发展有限公司提供现场生产和施工图片、视频、案例,具有很强的操作性和应用性,适于高职高专、大学本科的学生和从事预制构件生产、建筑施工的从业人员使用。

本书分为 8 章,分别介绍了装配式建筑构造、装配式建筑识图、装配式建筑预制构件制作与储运、装配式建筑构件吊装施工、装配式建筑节点连接施工、装配式建筑质量验收、装配式建筑施工信息化应用等内容。

本书由湖北水利水电职业技术学院丁志胜、武汉理工大学李春霞担任主编,湖北水利水电职业技术学院徐燕丽、中建三局科创产业发展有限公司项旺保、武昌首义学院陈金洪担任副主编,黄泽均、叶继强、石硕、李翠华、周雨薇、李晨憧、欧阳钦、张少坤、胡晓敏参与编写。其中第 1 章概论由徐燕丽编写;第 2 章装配式建筑构造由黄泽均、叶继强编写;第 3 章装配式建筑识图由丁志胜编写;第 4 章装配式建筑预制构件制作与储运由李春霞编写;第 5 章装配式建筑构件吊装施工由陈金洪编写;第 6 章装配式建筑节点连接施工由项旺保编写;第 7 章装配式建筑质量验收由石硕、李翠华、周雨薇、李晨憧编写;第 8 章装配式建筑施工信息化应用由欧阳钦、张少坤、胡晓敏编写。全书由符晶华主审。

在本书编写过程中得到了中建三局科创产业发展有限公司、华中科技大学、武汉大学、武汉理工大学、广联达科技股份有限公司的大力协助,参考了大量的文献资料,在此谨向以上单位和原著作者表示诚挚的感谢。

由于编者水平有限,书中难免存在不足之处,恳请各位读者批评指正!

编　者
2023 年 2 月

目　录

1 概　　论

1.1　装配式建筑概述

1.1.1　装配式建筑的概念

按照国家标准《装配式混凝土建筑技术标准》(GB/T 51231—2016)的定义,装配式建筑是"结构系统、外围护系统、设备与管线系统、内装系统的主要部分采用预制部品部件集成的建筑"。不仅仅是结构系统,装配式建筑4个系统的主要部分都采用预制部品部件集成,通俗地说装配式建筑就是在工厂生产预制构件、部品部件,运送到施工现场装配而成的建筑。

1.1.2　装配式建筑的分类

装配式建筑按建筑材料种类不同可分为装配式混凝土结构、装配式钢结构、装配式木结构、装配式混合结构,如图1.1所示。

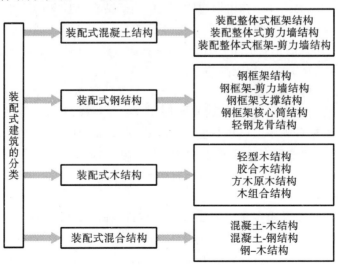

图 1.1　装配式建筑分类

(1)装配式混凝土结构。

装配式混凝土结构就是主体结构部分或全部采用预制混凝土构件装配而成的钢筋混凝土结构,简称装配式结构。混凝土材料来源广泛,适用范围广,耐久性好,可以制作成各种形状,造价低廉,是目前使用最广泛的建筑材料,装配式混凝土建筑也是世界上应用最多的装配式建筑。本书主要讲述的就是装配式混凝土结构。

装配式混凝土结构按照承重方式不同可分为装配整体式框架结构、装配整体式剪力墙结构、装配整体式框架-剪力墙结构。应采取可靠的构造措施及施工方法保证装配整体式钢筋混凝土结构中的预制构件之间或者预制构件与现浇构件之间的节点或接缝的承载力、刚度和延性不低于现浇钢筋混凝土结构,使装配整体式钢筋混凝土结构的整体性能与现浇钢筋混凝土结构基本相同,此类装配整体式结构称为等同现浇装配式混凝土结构。

①装配整体式框架结构。

装配整体式框架结构是混凝土结构全部或部分采用预制柱或叠合梁、叠合板等构件,通过节点部位的后浇混凝土或叠合方式形成的具有可靠传力机制并满足承载力和变形要求的框架结构。

②装配整体式剪力墙结构。

装配整体式剪力墙结构是混凝土结构部分或全部采用承重预制墙板,通过节点部位的后浇混凝土形成的具有可靠传力机制并满足承载力和变形要求的剪力墙结构。装配整体式剪力墙结构包括:内外墙均为预制、连接节点部分现浇的剪力墙结构(简称全预制剪力墙结构);内墙现浇、外墙全部或部分预制、连接节点部分现浇的剪力墙结构(简称部分预制剪力墙结构)。

③装配整体式框架-剪力墙结构。

装配整体式框架-剪力墙结构是主体结构的框架或剪力墙部分采用预制构件形成的具有可靠传力机制并满足承载力和变形要求的框架-剪力墙结构。

(2)装配式钢结构。

装配式钢结构就是主体结构由钢构件装配的建筑结构,构件由工厂预制生产,在施工现场装配而成。钢结构具有强度高、重量轻、施工方便、节点连接简单、质量容易控制等优点,曾经是装配式建筑的主要类型,但由于钢结构防火性、防腐性不好,造价高,使用舒适性不好,因此在住宅建筑中应用较少。

(3)装配式木结构。

装配式木结构就是由木结构承重构件组成的,结构系统、外围护系统、设备管线系统和内装系统的主要部分采用工厂预制生产,在施工现场装配而成的结构。木结构是最古老的建筑材料,北京故宫等古建筑都是采用的木结构,但是木材纵、横向力学性能差异较大,防火、防腐、防虫蛀问题难以解决,另外我国木材资源不足,制约了木结构建筑的发展。

(4)装配式混合结构。

装配式混合结构就是由多种材料制成预制构件,在施工现场装配而成的建筑结构。装配式混合结构的主要材料是混凝土和钢材。混合结构利用了不同材料各自的优点,进一步提高了装配式建筑的经济性和适用性,使装配式建筑的发展前景更加广阔。

1.1.3 国内外装配式建筑发展概况

1. 国外装配式建筑发展概况

(1)装配式建筑发展的不同阶段。

近现代装配式建筑发展分为以下四个阶段。

①19 世纪是第一个预制装配建筑高潮。

代表作:水晶宫、满足移民需要的预制木屋、预制铁屋等。

②20 世纪初是第二个预制装配建筑高潮。

代表作:木制嵌入式墙板单元住宅建造体系;斯图加特住宅展览会;法国 Mopin 多层公寓体系等。

③第二次世界大战后是建筑工业化真正的发展阶段。

代表作:钢、幕墙、PC 预制、各种体系。

④20 世纪 70 年代以后,国外建筑工业化进入新的阶段。

a. 预制与现浇相结合的体系取得优势。

b. 从专用体系向通用体系发展。

(2)各国的装配式建筑发展情况。

①美国装配式建筑主要为装配式框架结构,细柱厚板,外墙为预制墙板,如图 1.2 所示。

图 1.2 美国洛杉矶某装配式住宅

②瑞典开发了大型混凝土预制板的工业化体系,大力发展以通用部件为基础的通用体系。有人说,"瑞典也许是世界上工业化住宅最发达的国家",其住宅预制构件比例达到 95%,如图 1.3 所示。瑞典装配式建筑特点如下。

a. 在完善的标准体系基础上发展通用部件。

b. 模数协调形成"瑞典工业标准"(SIS),实现了部品尺寸、对接尺寸的标准化与系列化。

③法国是世界上推行建筑工业化较早的国家之一,走过了一条以全装配式大板和工具式模板现浇工艺为标准的建筑工业化道路。法国装配式建筑的特点:一是推广"构造体

图 1.3　瑞典某装配式住宅楼施工

系";二是推行构件生产与施工分离的原则,发展面向全行业的通用构配件的商品生产,如图 1.4 所示。

图 1.4　法国巴黎 28 套公寓楼

④日本通过立法和认定制度大力推广住宅产业化:20 世纪六七十年代出台《建筑基准法》成为大规模推行住宅产业化的依据;70 年代设立了"工业化住宅质量管理优良工厂认定制度",这一时期采用产业化方式生产的住宅占竣工住宅总数的 10% 左右;80 年代中期设立了"工业化住宅性能认定制度",采用产业化方式生产的住宅占竣工住宅总数的15%~20%,住宅质量和性能明显提高;到 90 年代采用产业化方式生产的住宅占竣工住宅总数的 25%~28%。日本住宅产业化的重要成就之一是 KSI 体系住宅。

总的来说,国外装配式建筑发展趋势如下。

①向绿色住宅产业化方向发展。

②从闭锁体系向开放体系发展。

③从湿体系向干体系发展,现在又广泛采用现浇和预制装配相结合的体系。

④从结构预制向结构预制和内装系统化集成的方向发展。

⑤更加强调信息化的管理。

⑥与保障性基本住房建设需求结合。

2. 国内装配式建筑发展概况

(1)第一阶段:启动发展阶段(1950年至1980年)。

中华人民共和国成立之初,国务院就出台了《关于加强和发展建筑工业的决定》,开始在全国建筑业推行标准化、工厂化、机械化,大力发展预制构件、装配式施工技术及预制装配式建筑。在原国家建委和各工业部委的共同推动下,装配式建筑覆盖建筑、铁道、交通等领域。全国兴建了数以千计的混凝土预制构配件加工厂,几乎所有的建筑都采用预制装配式方法建造。

(2)第二阶段:低潮阶段(1980年至2008年)。

传统装配式建筑存在如下问题。

①建筑功能、使用功能问题:户型单一、渗漏、不保温、不节能,标准低、质量差等。

②结构问题:抗震性能差等。

③效率与成本问题:与现浇结构相比无优势。

唐山大地震以后,震害调查表明,预制装配式建筑抗震性能较差,倒塌严重,导致1980—2008年间预制装配式建筑几乎绝迹,混凝土现浇结构大行其道,现浇技术得到了长足发展。

(3)第三阶段:重新启动阶段(2008年至今)。

近些年来,随着我国经济水平的提高和对环境保护的重视,为了解决建筑质量、安全、效益、节能、环保、低碳问题,劳动力短缺、劳动力成本提高等问题,产业链之间相互脱节、生产方式落后等问题,建筑业转型升级、新型城镇化发展、节能减排战略问题,我国从国家层面开始大力推进装配式建筑的发展,发布了一系列政策文件,如:《国务院办公厅关于转发发展改革委住房城乡建设部绿色建筑行动方案的通知》(国办发【2013】1号);《2014—2015年节能减排低碳发展行动方案》(国办发【2014】23号);《关于推进建筑业发展和改革的若干意见》(建市【2014】92号);《国家新型城镇化发展规划(2014—2020年)》;2015年3月24日,中共中央政治局召开会议,审议通过《关于加快推进生态文明建设的意见》;2016年2月6日,国务院发布《关于进一步加强城市规划建设管理工作的若干意见》;2016年9月27日,国务院发布《国务院办公厅关于大力发展装配式建筑的指导意见》(国办发[2016]71号)等。各科研机构、企事业单位积极响应国家政策编制了一系列装配式建筑标准、规范、规程,如《装配式混凝土结构技术规程》(JGJ 1—2014)、《装配式混凝土结构表示方法及示例(剪力墙结构)》(15G 107—1)、《装配式混凝土建筑技术标准》(GB/T 51231—2016)、《预制混凝土剪力墙外墙板图集》(15G 365—1)等。各地政府也出台了一系列政策积极推进装配式建筑,近年来建成了很多地标式装配式建筑(图1.5)。

(a) 上海万科新里程20、21号楼（1.4万平方米）

(b) 深圳龙华扩展区0008地块保障性住房（22万平方米，华南地区的装配式保障房项目）

(c) 深圳花样年集团成都装配式商品房项目（16万平方米）

(d) 北京住总万科金域华府产业化住宅楼（2万平方米）

(e) 合肥市包河新区蜀山装配式公租房（35万平方米）

(f) 长沙T30A酒店（1.7万平方米）

图1.5　近年国内装配式建筑典型案例

1.2 装配式建筑优缺点

1.2.1 装配式建筑的优点

1. 有助于提高工程质量

(1)装配式建筑要求设计必须精细化、协同化。如果设计不精细,构件制作好了才发现问题,就会造成很大的损失。装配式建筑使建筑设计更深入、细化、协同,由此提高设计质量和建筑品质。

(2)装配式生产可提高建筑精度。现浇混凝土结构的施工误差往往以厘米计,而预制构件的误差以毫米计。预制构件在工厂模台上和精致的模具中生产,品质控制比现场容易。预制构件的高精度会"逼迫"现场现浇混凝土精度的提高。在日本,表皮是预制墙板反打瓷砖的建筑,100多米高的外墙面,瓷砖砖缝笔直整齐,误差不到 2 mm。现场贴砖作业是很难达到如此精度的。

(3)装配式生产可提高混凝土浇筑、振捣、养护环节的质量。现场浇筑混凝土的模具组装不易做到严丝合缝,容易漏浆;墙、柱等立式构件不易做到很好的振捣;现场也很难做到符合要求的养护。工厂制作构件时,模具组装可以严丝合缝,混凝土不会漏浆;墙、柱等立式构件大都"躺着"浇筑,振捣方便,板式构件在振捣台上振捣,效果更好;混凝土养护一般采用蒸汽养护方式,养护质量大大提高。

(4)装配式构件生产自动化、智能化,能提高构件质量。自动化和智能化减少了对人的依赖,由此可以最大限度避免人为错误,提高产品质量。

(5)工厂工作环境比施工现场更适合全面细致地进行质量检查和控制。

2. 提高生产效率

装配式生产会提高效率。装配式生产使一些高空作业转移到车间进行,即使不采用自动化,生产效率也会提高。工厂作业环境比现场优越,工厂化生产不受气象条件制约。

3. 节省材料

对于装配式建筑而言,可以减少的材料包括内墙抹灰、现场模具和脚手架消耗,以及商品混凝土运输车挂在罐壁上的浆料等。

4. 节能减排环保

装配式建筑可以节约材料,大幅度减少建筑垃圾。因为工厂制作环节可以将边角余料充分利用,有助于节能减排。

5. 节省劳动力并能减轻劳动强度

(1)节省劳动力。工厂化生产与现场作业比较,可以较多地利用设备和工具,可以节省劳动力。

(2)改变从业者的结构构成。装配式生产可以大量减少工地劳动力,使建筑业农民工向产业工人转化。由于设计精细化和拆分设计、产品设计、模具设计的需要,以及精细化生产与施工管理的需要,技术人员比例会有所增加。由此,建筑业从业人员的构成将发生变化,知识化程度得以提高。

(3)改善工作环境。装配式生产把很多现场作业转移到工厂进行,高处或高空作业转移到平地进行,把室外作业转移到车间进行,工作环境大大改善。

(4)降低劳动强度。装配式生产可以较多地使用设备和工具,大大降低工人劳动强度。

6. 缩短工期

装配式建筑(特别是装配式整体式混凝土建筑)缩短工期的空间主要在主体结构施工之后的环节,尤其是内装环节。因为装配式建筑湿作业少,外围护系统与主体结构施工可以同步,内装施工可以紧随结构施工进行,相隔2~3层楼即可。当主体结构施工结束时,其他环节的施工也接近结束。

7. 有利于安全

装配式建筑工地作业人员减少,高处、高空和脚手架上的作业也大幅度减少,这样就减少了危险点,提高了施工安全性。

8. 有利于冬期施工

装配式建筑的构件制作在冬期不会受到大的影响。工地冬期施工,可以对构件连接处做局部围护保温,也可以搭设折叠式临时暖棚。装配式建筑冬期施工成本比现浇建筑低很多。

1.2.2　装配式建筑的缺点

1. 连接点的安全隐患大

现浇混凝土建筑一个构件内钢筋在同一截面连接接头的数量不能超过50%,而装配式建筑一层楼所有构件的钢筋都在同一截面连接,连接构造制作和施工比较复杂,精度要求高,对管理的要求高,连接作业要求监理和质量管理人员旁站监督。这些连接点出现结构安全隐患的概率大。

2. 对误差和遗漏的宽容度低

构件连接误差大了几毫米就无法安装,预制构件内的预埋件和预埋物一旦遗漏也很难补救,要么重新制作构件造成损失和工期延误,要么偷偷采取不合规的补救措施,容易留下安全隐患。

3. 对后浇混凝土的依赖

装配式建筑依赖后浇混凝土,导致构件制作出筋多,现场作业环节复杂。

4. 适用高度降低

装配式建筑的适用高度与现浇混凝土结构比较有所降低,降低幅度与结构体系、连接方式有关,一般降低10~20 m,最多降低30 m。

5. 自重大,造价高

装配式建筑楼板和梁采用的是叠合板和叠合梁,比现浇混凝土结构要厚,现浇板厚8~10 cm,而叠合板厚13~15 cm,造成建筑本身自重大。目前构件生产还没有采用标准构件生产,基本处于定制状态,造成模板周转率不高,安装更换模板频繁,另外装配式建筑施工工人都是由传统建筑工人转型而来的,对装配式建筑安装施工操作不熟练,劳动效率低,装配式建筑应有的优势没有体现出来,因此造成目前装配式建筑成本比传统现浇混凝土结构成本高。

随着装配式建筑的深入发展,其优点会越来越明显,装配式建筑的发展是大势所趋。

1.3　建筑产业现代化及装配式建筑发展前景

1.3.1　建筑产业现代化概念

"现代化"是人类文明发展与进步的显著标志,是世界历史演进的必然过程,是国家经济社会发展的重要战略目标,党和国家的宏观制度建设和发展战略目标都以"现代化"为指向。建筑产业作为我国国民经济支柱型产业,是全面建设社会主义现代化国家的重要组成部分。

建筑产业现代化就是引入工业化的思维,以标准化设计、工厂化生产、装配化施工、信息化管理和一体化装修、智能化应用为主要特征的建筑生产方式。建筑产业现代化结合了现代化的产业组织模式和管理方法来管理建筑产业,从而形成完整的、有机的产业系统。

建筑产业现代化的目标是:以人文、绿色、科技、创新发展为理念,以顶层设计、统筹规划为先导,以科学技术进步为支撑,以部件工厂化生产为途径,以保障质量安全为红线,以现代项目管理为重心,以世界先进水平为目标,广泛运用信息技术、节能环保技术,将建筑产品全过程的融资开发、规划设计、施工生产、管理服务,以及新材料、新设备的更新换代等环节集成完整的一体化产业链系统,依靠高素质的企业管理人才和新型产业工人队伍,通过精益化建造,为用户提供舒适、经济、美观、低碳、绿色和满足需求的优质建筑产品。目前我国建筑产业还存在"大而不强、产业基础薄弱、产业链协同水平低、产业碎片化严重、产业工人技能素质偏低、建造方式粗放、组织方式落后"等突出问题,与我国迈向社会主义现代化国家、实现建筑产业现代化目标还存在相当大的差距。

1.3.2　装配式建筑发展前景

装配式建筑是实现建筑产业现代化,解决质量、安全、效益、节能、环保、低碳问题的有效途径,是解决劳动力短缺、劳动力成本提高等问题的必然选择,是解决产业链之间相互脱节、生产方式落后等问题的有效办法,是推动建筑业转型升级、新型城镇化发展、节能减排战略的重要举措。

2016年9月27日,国务院发布《国务院办公厅关于大力发展装配式建筑的指导意见》,指明了装配式建筑发展的指导思想、基本原则、工作目标、主要任务、保障措施。

1. 指导思想

全面贯彻党的十八大和十八届三中、四中、五中全会以及中央城镇化工作会议、中央城市工作会议精神，认真落实党中央、国务院决策部署，按照"五位一体"总体布局和"四个全面"战略布局，牢固树立和贯彻落实创新、协调、绿色、开放、共享的新发展理念，按照适用、经济、安全、绿色、美观的要求，推动建造方式创新，大力发展装配式混凝土建筑和钢结构建筑，在条件具备的地方倡导发展现代木结构建筑，不断提高装配式建筑在新建建筑中的比例。坚持标准化设计、工厂化生产、装配化施工、一体化装修、信息化管理、智能化应用，提高技术水平和工程质量，促进建筑产业转型升级。

2. 基本原则

（1）坚持市场主导、政府推动。适应市场需求，充分发挥市场在资源配置中的决定性作用，更好地发挥政府规划引导和政策支持作用，形成有利的体制机制和市场环境，促进市场主体积极参与、协同配合，有序发展装配式建筑。

（2）坚持分区推进、逐步推广。根据不同地区的经济社会发展状况和产业技术条件，划分重点推进地区、积极推进地区和鼓励推进地区，因地制宜、循序渐进，以点带面、试点先行，及时总结经验，形成局部带动整体的工作格局。

（3）坚持顶层设计、协调发展。把协同推进标准、设计、生产、施工、使用维护等作为发展装配式建筑的有效抓手，推动各个环节有机结合，以建造方式变革促进工程建设全过程提质增效，带动建筑业整体水平的提升。

3. 工作目标

以京津冀、长三角、珠三角三大城市群为重点推进地区，常住人口超过 300 万的其他城市为积极推进地区，其余城市为鼓励推进地区，因地制宜发展装配式混凝土结构、钢结构和现代木结构等装配式建筑；力争用 10 年左右的时间，使装配式建筑占新建建筑面积的比例达到 30%；同时，逐步完善法律法规、技术标准和监管体系，推动形成一批设计、施工、部品部件规模化生产企业，具有现代装配建造水平的工程总承包企业以及与之相适应的专业化技术队伍。

4. 主要任务

（1）健全标准规范体系。加快编制装配式建筑国家标准、行业标准和地方标准。逐步建立完善覆盖设计、生产、施工和使用维护全过程的装配式建筑标准规范体系。

（2）创新装配式建筑设计。统筹建筑结构、机电设备、部品部件、装配施工、装饰装修，推行装配式建筑一体化集成设计。积极应用建筑信息模型技术，提高建筑领域各专业协同设计能力。

（3）优化部品部件生产。引导建筑行业部品部件生产企业合理布局，提高产业聚集度，培育一批技术先进、专业配套、管理规范的骨干企业和生产基地。

（4）提升装配施工水平。引导企业研发应用与装配式施工相适应的技术、设备和机具，提高部品部件的装配施工连接质量和建筑安全性能。

（5）推进建筑全装修。实行装配式建筑装饰装修与主体结构、机电设备协同施工。积极推广标准化、集成化、模块化的装修模式，提高装配化装修水平。

（6）推广绿色建材。提高绿色建材在装配式建筑中的应用比例，推广应用高性能节能门窗,强制淘汰不符合节能环保要求、质量性能差的建筑材料。

(7)推行工程总承包。装配式建筑原则上应采用工程总承包模式,支持大型设计、施工和部品部件生产企业向工程总承包企业转型。

(8)确保工程质量安全。完善装配式建筑工程质量安全管理制度,健全质量安全责任体系,落实各方主体质量安全责任。建立全过程质量追溯制度。

5. 保障措施

(1)加强组织领导。各地区要因地制宜研究提出发展装配式建筑的目标和任务,建立健全工作机制,完善配套政策,组织具体实施,确保各项任务落到实处。

(2)加大政策支持。建立健全装配式建筑相关法律法规体系。

(3)强化队伍建设。大力培养装配式建筑设计、生产、施工、管理等专业人才。鼓励高等学校、职业学校设置装配式建筑相关课程,推动装配式建筑企业开展校企合作,创新人才培养模式。在建筑行业专业技术人员继续教育中增加装配式建筑相关内容。加大职业技能培训资金投入,建立培训基地,加强岗位技能提升培训,促进建筑业农民工向技术工人转型。加强国际交流合作,积极引进海外专业人才参与装配式建筑的研发、生产和管理。

(4)做好宣传引导。

习 题

1. 填空题

(1)装配式建筑按材料种类不同可分为装配式( )结构、装配式( )结构、装配式( )结构、装配式( )结构。

(2)装配式混凝土结构按照承重方式的不同可分为装配整体式( )结构、装配整体式( )结构、装配整体式( )结构。

(3)预制构件之间或者预制构件与现浇构件之间的节点或接缝的( )、( )和( )不低于现浇钢筋混凝土结构。

(4)建筑产业现代化就是以( )化设计、( )化生产、( )化施工、( )化管理和( )化装修、智能化应用为主要特征的建筑生产方式。

2. 单选题

(1)目前使用最广泛的建筑材料,也是世界上应用最多的装配式建筑是装配式( )结构。

A.混凝土   B.木   C.钢   D.混合

(2)目前应用较多的装配式混合结构是( )混合结构。

A.钢-木   B.混凝土-钢   C.混凝土-木   D.混凝土-钢-木

3. 问答题

(1)装配式建筑有哪些优点?

(2)装配式建筑有哪些缺点?

2 装配式建筑构造

2.1 装配式建筑构件构造

装配式建筑的基本构件主要包括预制混凝土柱、预制混凝土墙、预制混凝土楼板、预制混凝土梁、预制混凝土楼梯、预制混凝土飘窗、预制混凝土阳台、预制空调板等。

2.1.1 预制混凝土柱

预制混凝土柱就是在预制厂浇筑成型,运输到施工现场进行安装的柱。预制混凝土柱包括钢筋骨架、混凝土、预留钢筋、纵向钢筋连接套筒、预埋件(图2.1、图2.2)。

2.1 预制混凝土柱
构造要求

图2.1 预制混凝土柱

图2.2 预制混凝土柱内钢筋及预埋件

预制混凝土柱的设计应符合现行国家标准《混凝土结构设计规范》(GB 50010—2010)的要求,并应符合下列规定:柱纵向受力钢筋直径不宜小 20 mm;矩形柱截面宽度或圆柱直径不宜小于 400 mm,且不宜小于同方向梁宽的 1.5 倍;柱纵向受力钢筋在柱底采用套筒灌浆连接时,柱箍筋加密区长度不应小于纵向受力钢筋连接区域长度与 500 mm 之和;套筒上端第一道箍筋距离套筒顶部不应大于 50 mm。

采用预制混凝土柱及叠合梁的装配整体式框架中,柱底接缝宜设置在楼面标高处并应符合下列规定:后浇节点区混凝土上表面应设置粗糙面;柱纵向受力钢筋应贯穿现浇节点区;柱底接缝厚度宜为 20 mm,并应采用灌浆料填实,灌浆套筒与接缝连通,从套筒灌浆孔灌浆,出浆孔出浆时停止灌浆。

2.1.2 预制混凝土墙

预制混凝土墙是指在工厂预制而成的钢筋混凝土剪力墙构件,包括预制剪力墙板、预制夹心保温外墙板、预制外墙模板、预制叠合剪力墙板、预制圆孔剪力墙板。其中预制夹心保温外墙板结构最为复杂,其他种类的剪力墙结构与预制夹心保温外墙板的内叶墙板结构类似,现对其进行重点介绍。

预制夹心保温外墙板由外叶墙板、保温板、内叶墙板组成,内叶墙板为预制混凝土剪力墙,外叶墙板为钢筋混凝土保护层。现场安装时,内叶墙板侧面通过预留钢筋与现浇剪力墙边缘构件连接,底部通过钢筋灌浆套筒与下层预制剪力墙预留钢筋连接。预制夹心保温外墙板如图 2.3 所示。

2.2　预制剪力墙构造

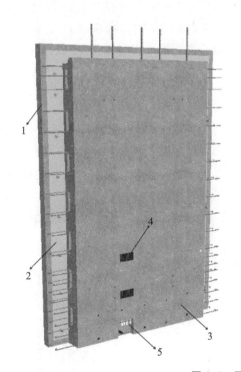
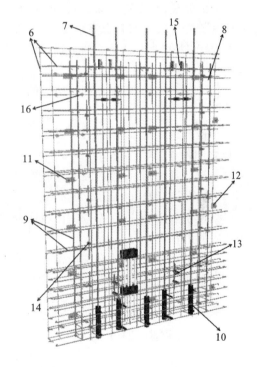

图 2.3　预制夹心保温外墙板

1—外叶墙板;2—保温板;3—内叶墙板;4—线盒;5—管线;6—外叶板钢筋;7—竖向连接钢筋;
8—内叶板拉筋;9—内叶板钢筋;10—灌浆套筒;11——体板埋件;12—板板连接件;13—支撑预埋件;
14—模板预埋件;15—吊装预埋件;16—保温连接件

(1)外叶墙板:一般为单层配筋,墙厚不应小于 50 mm 且与内叶墙板可靠连接。

(2)保温板:厚度不宜大于 120 mm,保温材料导热系数不宜大于 0.04 W/(m・K),体积比吸水率不宜大于0.3%,燃烧性能不应低于国家标准B₂级的要求。

（3）内叶墙板:承重夹心保温墙板的内叶墙板按剪力墙进行设计,墙内钢筋按双向双层布置。

（4）线盒:与管线连接,当管线较长或者需要拐弯时,作为过渡用,起到保护管线的作用。

（5）管线:用于后期水电安装时穿管引线。

（6）外叶板钢筋:单层双向布置,采用焊接钢筋网片,分为水平钢筋和竖向钢筋,一般水平钢筋在内侧,竖向钢筋在外侧。

（7）竖向连接钢筋:锚固钢筋为螺纹钢,布置在内叶墙水平钢筋内侧,下端与构件中的灌浆套筒连接,上端伸出部分与上层预制构件内的灌浆套筒连接。

（8）内叶板拉筋:起到拉结内叶墙双层钢筋网的作用。

（9）内叶板钢筋:双向双层布置,水平筋为构造钢筋,采用封闭箍筋,布置在外侧,两侧伸出预制板作为预埋钢筋用于与后浇段连接;竖向钢筋为受力筋,布置在内侧,竖向钢筋不伸出预制构件。

（10）灌浆套筒:设置在构件底部,为金属材质,用于上下层竖向连接钢筋的连接。灌浆套筒分为全灌浆套筒和半灌浆套筒,全灌浆套筒是筒体的两端均采用灌浆方式连接钢筋的套筒,半灌浆套筒是套筒的一端采用灌浆连接钢筋,另一端采用非灌浆方式连接钢筋的套筒。

（11）一体板埋件:设置在预制剪力墙外表面,用于干挂石材与主体结构混凝土的连接固定。

（12）板板连接件:设置在外叶墙板一侧,用于预制混凝土结构的夹心保温外墙板与PCF板之间的连接。

（13）支撑预埋件:设置在夹心保温外墙的内表面,用于构件吊装完成后的临时支撑固定,同时也在构件脱模时使用。

（14）模板预埋件:在保温外墙内表面分两排对称布置,用于构件安装完成后现浇区域模板的安装和加固。

（15）吊装预埋件:设置在夹心保温外墙内叶板顶部,用于构件的脱模及吊装。

（16）保温连接件:用于连接夹心保温墙板的内、外叶墙板,连接件一端锚入内叶墙板中,另一端锚入外叶墙板中。

2.1.3 预制混凝土楼板

2.3 预制叠合板构造

预制混凝土楼板分为全预制楼板和预制叠合板。全预制楼板是整个楼板全部在工厂预制,运输到现场安装;预制叠合板是半预制混凝土楼板,下部为预制混凝土板,运输到施工现场安装到位后,上部混凝土二次浇筑,与预制楼板形成一个整体。预制叠合板又分为预制混凝土钢筋桁架叠合板和预制带肋底板混凝土叠合板。钢筋桁架的作用是将后浇筑的混凝土层与预制底板形成整体,并在制作和安装过程中提供刚度;预制带肋底板混凝土叠合板一般为预应力带肋混凝土叠合板,具有自重轻、用钢量省、承载能力强、抗裂性好的优点,且预埋管线方便,肋板采用 T 形肋,新浇筑的混凝土流到孔中起到销栓作用,加强了新老混凝土相互咬合的能力。预制混凝土钢筋桁架叠合板和预制带肋底板混凝土叠合板分别见图 2.4 和图 2.5。本书重点介绍预制混凝土钢筋桁架叠合板,构造见图 2.6。

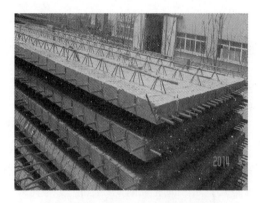

图 2.4 预制混凝土钢筋桁架叠合板

图 2.5 预制带肋底板混凝土叠合板

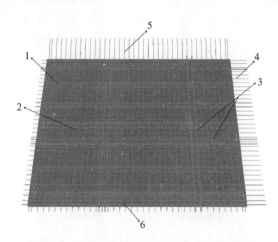

图 2.6 预制混凝土钢筋桁架叠合板构造图

1—钢筋桁架;2—吊点加强筋;3—底部加强筋;4—板分布筋;5—板受力筋;6—混凝土板

(1)钢筋桁架:由上弦钢筋、下弦钢筋、腹筋组成。钢筋桁架由专业焊机机械制造,腹筋与上下弦钢筋焊接采用电阻点焊。钢筋桁架沿主要受力方向布置,放置在底板钢筋上层,下弦钢筋与底板钢筋绑扎,钢筋桁架距板边不应大于 300 mm,间距不宜大于 600 mm,钢筋桁架弦杆钢筋直径不宜小于 8 mm,腹杆钢筋直径不应小于 4 mm,钢筋桁架弦杆的混凝土保护层厚度不应小于 15 mm。

(2)吊点加强筋:位于叠合板起吊位置。吊点位于桁架上弦杆处,吊点加强筋在桁架钢筋下弦杆上部,采用两根 8 mm 钢筋,用于加强吊点。

(3)底部加强筋:按设计要求,分纵横两个方向布置。

(4)板分布筋:垂直于钢筋桁架方向的钢筋,放置在受力筋的下部,两端伸出混凝土边用于板的锚固。板分布筋数量按设计布置。

(5)板受力筋:平行于钢筋桁架方向的钢筋,放置在分布筋的上部,两端伸出混凝土边用于板的锚固。板受力筋数量按设计布置。

（6）混凝土板：叠合板的预制板厚度不宜小于 60 mm，后浇混凝土叠合层厚度不应小于 60 mm，预制板与后浇混凝土叠合层之间结合面应设置粗糙面，粗糙面的面积不小于结合面的 80%，预制板的粗糙面凹凸深度不应小于 4 mm。

2.1.4 预制混凝土梁

2.4 预制叠合梁构造

预制混凝土梁是指在工厂预制而成的混凝土梁，包括全预制混凝土梁和预制混凝土叠合梁。预制混凝土叠合梁是由预制混凝土底梁和后浇混凝土组成的分两阶段成型的整体受力水平构件，其下半部分在工厂预制，上半部分在施工现场现浇。以下重点介绍预制混凝土叠合梁。

预制混凝土叠合梁可采用对接连接并应符合下列规定：连接处应设置后浇段，后浇段的长度应满足梁下部纵向钢筋连接作业的空间需求；梁下部纵向钢筋在后浇段内宜采用机械连接、套筒灌浆连接或焊接连接；后浇段内的箍筋应加密，箍筋间距不应大于 5d（d 为纵向钢筋直径），且不应大于 100 mm。主梁与次梁采用后浇段连接时，在端部节点处，次梁下部纵向钢筋伸入主梁后浇段内的长度不应小于 12d；在中间节点处，两侧次梁的下部纵向钢筋伸入主梁后浇段内长度不应小于 12d（d 为纵向钢筋直径）；次梁上部纵向钢筋应在现浇层内贯通。

框架梁的后浇混凝土叠合层厚度不宜小于 150 mm，次梁的后浇混凝土叠合层厚度不宜小于 120 mm；当采用凹口截面预制梁时，凹口深度不宜小于 50 mm，凹口边厚度不宜小于 60 mm，如图 2.7 所示。

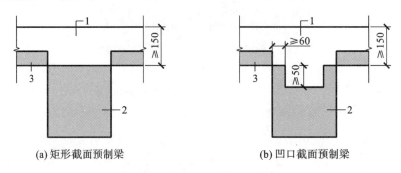

(a) 矩形截面预制梁　　　　　(b) 凹口截面预制梁

图 2.7　叠合框架梁截面示意图

1—后浇混凝土叠合层；2—预制梁；3—预制板

预制混凝土叠合梁由箍筋、纵向钢筋、临时支撑预埋件、模板预埋件、吊钉、预制混凝土梁组成，见图 2.8。

（1）箍筋：抗震等级为一、二级的叠合框架梁的梁端箍筋加密区宜采用整体封闭箍筋（图 2.9(a)），采用组合封闭箍筋的形式时（图 2.9(b)），开口箍筋上方应做成 135°弯钩；非抗震设计时，弯钩端头平直段长度不应小于 5d（d 为箍筋直径）；抗震设计时，平直段长度不应小于 10d。现场应采用箍筋帽封闭开口箍，箍筋帽末端应做成 135°弯钩；非抗震设计时，弯钩端头平直段长度不应小于 5d；抗震设计时，平直段长度不应小于 10d。

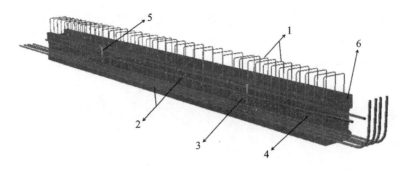

图 2.8　叠合框架梁截面构造

1—箍筋;2—纵向钢筋;3—临时支撑预埋件;4—模板预埋件;5—吊钉;6—预制混凝土梁

(a) 整体封闭箍筋　　　　　　　　　(b) 组合封闭箍筋

图 2.9　叠合梁箍筋

(2)纵向钢筋:梁的纵向钢筋满足现行国家标准《混凝土结构设计规范》(GB 50010—2010)和《建筑抗震设计规范》(GB 50011—2010)中对现浇混凝土梁钢筋的要求。纵向钢筋宜在后浇混凝土内直线锚固;当直线锚固长度不足时,可采用弯折、机械锚固方式,并应符合现行国家标准《混凝土结构设计规范》(GB 50010—2010)和《钢筋锚固板应用技术规程》(JGJ 256—2011)的规定。

(3)临时支撑预埋件:用于构件吊装完成后的临时支撑固定,同时也在构件生产时脱模使用,由螺栓和螺纹钢穿孔焊接而成,螺栓、锚栓和铆钉等紧固件的材料应符合国家现行标准《钢结构设计规范》(GB 50017—2017)、《钢结构焊接规范》(GB 50661—2011)和《钢筋焊接及验收规程》(JGJ 18—2012)的规定。

(4)模板预埋件:用于固定现浇构件的模板,由螺栓和螺纹钢穿孔焊接而成,螺栓、锚栓和铆钉等紧固件的材料要求同临时支撑预埋件。

(5)吊钉:设置在预制梁顶部,用于构件的脱模及吊装。吊钉材料要求同临时支撑预埋件。

(6)预制混凝土梁:预制混凝土梁与后浇混凝土叠合层之间的结合面应设置粗糙面;预制混凝土梁端面应设置键槽且宜设置粗糙面,键槽的尺寸和数量应按规定计算确定。

2.1.5　预制混凝土楼梯

预制混凝土楼梯比现浇楼梯方便、精致、质量有保证,安装后马上可以使用,能够给施工带来很大便利,提高施工安全性。生产预制混凝土楼梯时,不需要设置复杂的框架,也不需要考虑天气条件,能够节省大量的材料和工期。

预制混凝土楼梯分为板式楼梯和折板式楼梯。板式楼梯是不带平台板的直板式楼梯,分为双跑楼梯(图 2.10(a))和剪刀式楼梯(图 2.10(b)),双跑楼梯一层楼两跑,长度短;剪刀式楼梯一层楼一跑,长度较长。折板式楼梯是带平台板的楼梯(图 2.10(c))。

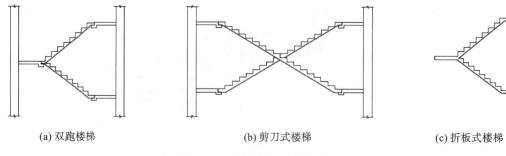

(a) 双跑楼梯 (b) 剪刀式楼梯 (c) 折板式楼梯

图 2.10 预制混凝土楼梯示意

为了避免楼梯在地震作用下与结构梁或墙体相互作用形成约束,在楼梯的滑动段应留出移动空间,预制混凝土楼梯一般不与侧墙相连,梯段表面一般为清水混凝土面,表面必须光洁,由于没有抹灰层,楼梯防滑槽等建筑构造在楼梯预制时应同时做出。

预制混凝土楼梯一般由吊点加强筋、孔道加强筋、梯梁箍筋、梯梁纵筋、楼梯边缘加强筋、梯板分布筋、梯板下部纵筋、梯板上部纵筋、扶手栏杆预埋件、吊装预埋件、预制混凝土部分组成(图 2.11)。

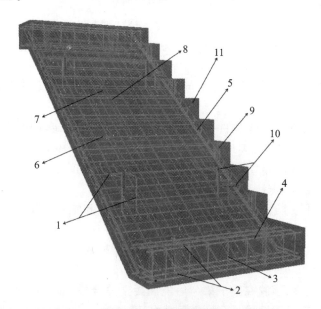

图 2.11 预制楼梯构造

1—吊点加强筋;2—孔道加强筋;3—梯梁箍筋;4—梯梁纵筋;5—楼梯边缘加强筋;6—梯板分布筋;
7—梯板下部纵筋;8—梯板上部纵筋;9—扶手栏杆预埋件;10—吊装预埋件;11—预制混凝土

(1)吊点加强筋:设置在楼梯踏板顶部吊点处,用于加强吊点处混凝土的强度,避免吊装时损坏楼梯结构。

(2)孔道加强筋:设置在楼梯上下预留孔道处,用于加强孔道处的强度。

(3)梯梁箍筋:要求同梁的箍筋,用于梯梁抗剪。

(4)梯梁纵筋:要求同梁纵筋,用于梯梁抗弯。

(5)楼梯边缘加强筋:沿梯板两边布置的钢筋,直径比梯板纵筋大,用于加强楼梯板的整体刚度。

(6)梯板分布筋:垂直于梯板跨度方向,用于分散梯板应力,布置要求同板分布筋。

(7)梯板下部纵筋:位于梯板底部跨度方向,用于抵抗梯板正弯矩,配筋量按照最大正弯矩计算确定。

(8)梯板上部纵筋:为梯板上部跨度方向,用于抵抗梯板负弯矩,配筋率按照最大负弯矩计算确定。

(9)扶手栏杆预埋件:布置在踏板一侧,用于安装楼梯栏杆扶手,由钢筋和钢板焊接而成。

(10)吊装预埋件:布置在楼梯顶面和侧面,用于楼梯的脱模和吊装,由螺栓和螺纹钢穿孔焊接而成。

2.1.6 预制混凝土飘窗

预制混凝土飘窗是在工厂预制而成的混凝土剪力墙构件。预制混凝土飘窗由外叶墙、内叶墙、窗上梁等构成,构造见图 2.12。

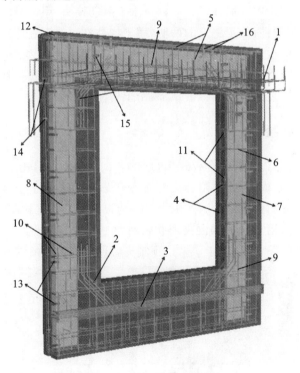

图 2.12 预制混凝土飘窗构造

1—锚固钢筋;2—墙身加强筋;3—线脚钢筋;4—外叶墙板钢筋;5—梁钢筋;6—墙身水平筋;
7—墙身纵向筋;8—保温板;9—叠合筋;10—保温连接件;11——体化板埋件;12—一级接头;
13—接驳螺栓预埋件;14—板板连接件;15—脱模斜撑预埋件;16—吊装预埋件

(1)锚固钢筋:由飘窗顶内叶板梁底部伸出混凝土面,作用是与主体结构锚固。

（2）墙身加强筋：位于飘窗内叶墙窗的四个角部，用于加强窗体四角薄弱部位。

（3）线脚钢筋：位于内叶墙线脚内，为线脚结构钢筋。

（4）外叶墙板钢筋：单排双向布置，分水平钢筋和竖向钢筋。

（5）梁钢筋：位于飘窗顶部内叶墙内，分箍筋和纵向钢筋。

（6）墙身水平筋：为内叶墙水平钢筋，位于洞口两侧和下方，洞口两侧的水平钢筋为封闭箍筋，洞口下方的水平筋为通长钢筋，两层布置。

（7）墙身纵向筋：为内叶墙竖向钢筋，位于洞口两侧和下方，洞口下方的竖向钢筋为封闭箍筋，洞口两侧的竖向钢筋为通长钢筋，两层布置。

（8）保温板：为挤塑聚苯板，位于内、外叶墙体之间，起到保温隔热的作用。

（9）叠合筋：位于飘窗的顶部和两侧，共三个，部分埋于外叶墙内，部分埋于内叶墙内，起到加强内、外叶墙体混凝土的作用。

（10）保温连接件：分为金属材料和非金属材料，用于连接外叶墙板、保温板和内叶墙板。

（11）一体化板埋件：位于外叶墙外侧，由钢筋和钢板组成，用于干挂石材与主体结构混凝土的连接固定。

（12）一级接头：位于内叶墙顶部梁内两侧水平纵筋接头，用于梁内纵筋的连接。

（13）接驳螺栓预埋件：位于飘窗的两侧，用于构件之间的无缝连接。

（14）板板连接件：设置于外叶墙板两侧，用于预制混凝土外叶板与PCF板之间的连接。

（15）脱模斜撑预埋件：设置于内叶墙内侧，用于脱模起吊和安装临时固定斜撑。

（16）吊装预埋件：设置于预制飘窗顶部，用于构件的吊装。

2.1.7　预制混凝土阳台

预制混凝土阳台分为预制叠合板式阳台（图2.13）和全预制式阳台（图2.14）。预制叠合板式阳台是以预制构件为主，阳台板上部为现浇板的阳台；全预制式阳台是全部在工厂预制、在现场安装的阳台。全预制式阳台又分为板式阳台和梁式阳台，板式阳台是采用悬挑板受力的阳台，适用于采用预制夹心保温外墙板的结构；梁式阳台是阳台板三边有梁，梁作为受力构件的阳台，适用于不采用预制夹心保温外墙板的结构。

图2.13　预制叠合板式阳台

图 2.14 全预制式阳台

1—封边梁;2—阳台板

预制混凝土阳台与后浇混凝土结合处应做粗糙面,设计时应预留安装阳台栏杆的孔洞和预埋件。

预制混凝土阳台宜采用叠合构件或预制构件,预制构件应与主体结构可靠连接,叠合构件的负弯矩钢筋应在相邻叠合板的后浇混凝土中可靠锚固,钢筋的锚固符合规范要求。

预制混凝土阳台由封边梁和阳台板等组成,其构造见图 2.15(预制叠合板式阳台)。

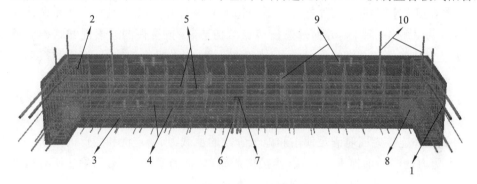

图 2.15 预制叠合板式阳台构造

1—封边梁纵筋;2—封边梁箍筋;3—板端部封边钢筋;4—板底钢筋;5—板上部钢筋;
6—预埋管线;7—线盒;8—预留洞口;9—吊装预埋件;10—预埋钢筋

(1)封边梁:在阳台周边,起到受力作用,与主体结构悬挑相连,支撑板受力。

(2)阳台板:有悬挑板和简支板(本图例为简支板),周边搁置在封边梁上,板下部为预制板,上部为现浇板,结合面为粗糙面。

(3)封边梁纵筋:封边梁悬挑于结构主体,封边梁上部纵筋受力,下部纵筋起到构造作用。

(4)封边梁箍筋:为封闭箍筋。

(5)板端部封边钢筋:设置于板端与主体结构相连处。

(6)板底钢筋:双向布置,根据板的长宽比,按单向板或双向板布置。

(7)板上部钢筋:双向布置,根据板的长宽比,按单向板或双向板布置。如果是板式阳台,板上部受力钢筋为跨度方向。

（8）预埋管线：与接线盒连接，方便后期水电安装时导线的连接。

（9）线盒：设置于阳台底面，用于阳台灯具的安装。

（10）预留洞口：设置于雨水管安装处，用于雨水排水立管的安装。

（11）吊装预埋件：设置于阳台板和封边梁顶面，用于预制混凝土阳台的脱模和吊装。

（12）预埋钢筋：设置于封边梁顶部，用于栏杆的安装。

2.1.8　预制空调板

预制空调板一般为三边自由，一边为固定端约束的普通悬挑构件。预制空调板通常使用预制实心混凝土板，板顶预留钢筋与预制叠合板的现浇层相连。

2.2　装配式建筑节点连接方式及构造

2.2.1　装配式建筑节点连接设计原则

（1）装配式结构应重视构件连接节点的选型和设计。连接节点的选型和设计应注重概念设计，满足耐久性要求，并通过连接节点与构造，保证构件的连续性和结构的整体稳定性，使整个结构具有必要的承载能力、刚度和延性，以及良好的抗风、抗震和抗偶然荷载的能力，避免结构体系出现连续倒塌。

（2）应根据抗震设防烈度、建筑高度及抗震等级选择适当的节点连接方式和构造措施。重要且复杂的节点与连接的受力性能应通过试验确定，试验方法应符合相应规定。

（3）节点和连接应同时满足使用和施工阶段的承载力、稳定性和变形的要求。在保证结构整体受力性能的前提下，应力求连接构造简单、传力直接、受力明确。所有构件承受的荷载和作用，应有可靠的传力基础的连续传递路径。

（4）节点和连接的承载力和延性不宜低于同类现浇结构，亦不低于构件本身，满足"强剪弱弯，更强节点"的设计理念。

（5）采取相应措施和施工方法，使装配式结构节点或接缝的承载力、刚度、延性不低于现浇结构，使装配式结构等同于现浇混凝土结构。

当节点连接构造不能使装配式结构等同于现浇混凝土结构时，应根据结构体系的受力性能、节点和连接的特点，采取合理的计算模型，并考虑连接和节点刚度对结构内力分布与整体刚度的影响。

（6）连接部位满足建筑物物理性能的功能要求。预制外墙及其连接部位的保温、隔热和防潮性能应符合规范和国家现行相关建筑节能设计标准的规定，必要时应进行试验测试。

2.2.2 装配式建筑节点构造

装配式建筑节点连接分为混凝土之间的连接和钢筋之间的连接,混凝土之间的连接一般采用湿连接(构件之间灌浆或现浇混凝土),钢筋之间的连接常采用机械连接、套筒灌浆连接、浆锚连接、焊接及搭接。

剪力墙竖缝处,钢筋宜锚入现浇混凝土中;剪力墙水平接缝及框架柱接头,钢筋宜采用套筒灌浆连接或者间接搭接;框架梁接头与框架梁柱节点处,水平钢筋宜采用机械连接或者焊接。

1. 灌浆套筒

灌浆套筒就是采用铸造工艺或机械加工工艺制造,用于钢筋灌浆连接的金属套筒。

(1)灌浆套筒的分类。

灌浆套筒根据加工方式和结构形式特点分为全灌浆套筒、半灌浆套筒和铸造成型套筒、机械加工成型套筒(表 2.1)。全灌浆套筒就是筒体两端均采用灌浆方式连接钢筋的灌浆套筒。全灌浆套筒按灌浆方式可分为整体式全灌浆套筒和分体式全灌浆套筒。整体式全灌浆套筒就是筒体由一个单元组成的灌浆套筒;分体式全灌浆套筒就是套筒由两个单元通过螺纹连接成整体的灌浆套筒。半灌浆套筒是一端采用灌浆方式连接,另一端采用非灌浆方式连接钢筋的灌浆套筒。半灌浆套筒可按非灌浆一端机械连接方式,分为直接滚轧直螺纹半灌浆套筒、剥肋滚轧直螺纹半灌浆套筒和镦粗直螺纹半灌浆套筒。直接滚轧直螺纹半灌浆套筒就是筒体非灌浆端钢筋采用直接滚轧直螺纹方式连接的半灌浆套筒;剥肋滚轧直螺纹半灌浆套筒就是筒体非灌浆端钢筋采用剥肋滚轧直螺纹方式连接的半灌浆套筒;镦粗直螺纹半灌浆套筒就是筒体非灌浆端钢筋采用镦粗直螺纹方式连接的半灌浆套筒。

2.5 钢筋连接用灌浆套筒行业标准

表 2.1 灌浆套筒分类表

分类方式	名称	
结构形式	全灌浆套筒	整体式全灌浆套筒
		分体式全灌浆套筒
	半灌浆套筒	整体式半灌浆套筒
		分体式半灌浆套筒
加工方式	铸造成型套筒	—
	机械加工成型套筒	切削加工
		压力加工

(2)灌浆套筒型号。

灌浆套筒型号由名称代号、分类代号、钢筋强度级别主参数代号、加工方式分类代号、钢筋直径主参数代号、特征代号和更新及变型代号组成。灌浆套筒主参数应为被连接钢筋的强度级别和公称直径。灌浆套筒型号含义如下:

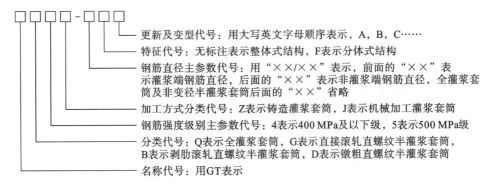

更新及变型代号：用大写英文字母顺序表示，A，B，C……
特征代号：无标注表示整体式结构，F表示分体式结构
钢筋直径主参数代号：用"××/××"表示，前面的"××"表示灌浆端钢筋直径，后面的"××"表示非灌浆端钢筋直径，全灌浆套筒及非变径半灌浆套筒后面的"××"省略
加工方式分类代号：Z表示铸造灌浆套筒，J表示机械加工灌浆套筒
钢筋强度级别主参数代号：4表示400 MPa及以下级，5表示500 MPa级
分类代号：Q表示全灌浆套筒，G表示直接滚轧直螺纹半灌浆套筒，B表示剥肋滚轧直螺纹半灌浆套筒，D表示镦粗直螺纹半灌浆套筒
名称代号：用GT表示

如 GTQ4Z-40，表示连接两根屈服强度为 400 MPa，直径为 40 mm 的钢筋，采用铸造加工的整体式全灌浆套筒；GTB5J-36/32A，表示连接两根屈服强度为 500 MPa 的钢筋，灌浆端连接直径为 36 mm 的钢筋，非灌浆端连接直径为 32 mm 的钢筋，采用机械加工方式加工的剥肋滚轧直螺纹半灌浆套筒的第一次变型；GTQ5J-32F，表示连接两根屈服强度为 500 MPa，直径为 32 mm 的钢筋，采用机械加工的分体式全灌浆套筒。

(3) 灌浆套筒构造。

整体式灌浆套筒由灌浆孔、出浆孔、套筒筒体组成，分体式灌浆套筒的构件还有连接套筒。灌浆套筒构造如图 2.16 所示。

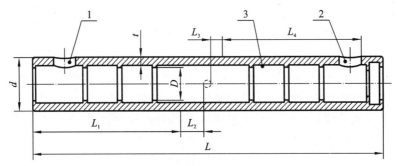

(a) 整体式全灌浆套筒

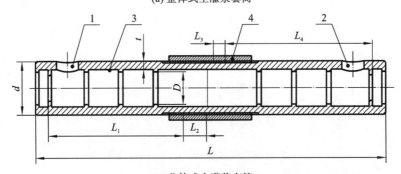

(b) 分体式全灌浆套筒

图 2.16　灌浆套筒构造

1—灌浆孔；2—排浆孔；3—剪力槽；4—连接套筒；L—灌浆套筒总长；L_1—注浆端锚固长度；
L_2—装配端预留钢筋安装调整长度；L_3—预制端预留钢筋安装调整长度；L_4—排浆端锚固长度；
t—灌浆套筒名义壁厚；d—灌浆套筒外径；D—灌浆套筒最小内径；
D_1—灌浆套筒机械连接端螺纹的公称直径；D_2—灌浆套筒螺纹端与灌浆端连接处的通孔直径

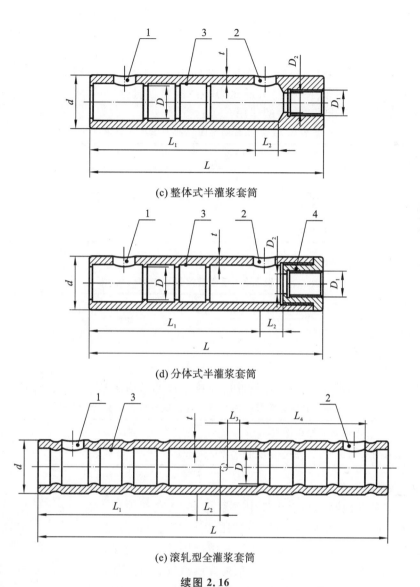

(c) 整体式半灌浆套筒

(d) 分体式半灌浆套筒

(e) 滚轧型全灌浆套筒

续图 2.16

①灌浆孔、排浆孔:在套筒安装时灌浆孔和出浆孔应朝向构件表面,与构件外界连通,如果是竖向钢筋连接套筒,灌浆孔在下,出浆孔在上。

②灌浆套筒长度 L:应根据试验确定,且灌浆连接端的钢筋锚固长度 L_1 不宜小于 8 倍钢筋公称直径,其锚固长度不包括钢筋安装调整长度和封浆挡圈段长度,全灌浆套筒中间轴向定位点两侧应预留钢筋安装调整长度,预制端不宜小于 10 mm,装配端不宜小于 20 mm。

③灌浆套筒最小内径 D:不包括灌浆孔、排浆孔外侧因导向、定位等,比锚固段环形凸起内径偏小的尺寸,可为非等截面。

④注浆端锚固长度 L_1：当灌浆套筒为竖向连接套筒时，套筒注浆端锚固段 L_1 为从套筒端面至挡销圆柱面深度减去调整长度 20 mm；当灌浆套筒为水平连接套筒时，套筒注浆端锚固长度 L_1 为从密缝圈内侧面位置至挡销圆柱面深度减去调整长度 20 mm。

⑤灌浆套筒封闭环剪力槽宜符合表 2.2 的规定，其他非封闭环剪力槽结构形式的灌浆套筒应通过灌浆接头试验确定，并满足力学性能要求，且灌浆套筒结构的锚固性能不应低于同等灌浆接头封闭环剪力槽的作用。

表 2.2　灌浆套筒封闭环剪力槽尺寸要求

连接钢筋直径/mm	12～20	22～32	36～40
剪力槽数量/个	≥3	≥4	≥5
剪力槽两侧凸台轴向宽度/mm	≥2		
剪力槽两侧凸台径向高度/mm	≥2		

⑥灌浆套筒最小壁厚应满足表 2.3 的要求。

表 2.3　灌浆套筒最小壁厚

连接钢筋公称直径/mm	12～14	16～40
机械加工成型灌浆套筒/mm	2.5	3
铸造成型灌浆套筒/mm	3	4

⑦灌浆套筒最小内径与被连接钢筋的公称直径的差值满足表 2.4 的要求。

表 2.4　灌浆套筒最小内径与被连接钢筋的公称直径的差值

连接钢筋公称直径/mm	12～25	28～40
灌浆套筒最小直径与被连接钢筋公称直径的差值/mm	≥10	≥15

2. 浆锚连接

浆锚连接是在预制混凝土构件中预留孔道，在孔道中插入需搭接的钢筋，并灌注水泥基灌浆料而实现的钢筋搭接连接方式。

浆锚连接分为金属波纹管浆锚连接和螺旋钢筋浆锚连接。金属波纹管浆锚连接就是在上部构件中预埋金属波纹管，施工时，将下部构件钢筋插入波纹管中，再将高强无收缩灌浆料注入波纹管中养护至规定时间，完成钢筋的连接，其构造见图 2.17；螺旋钢筋

2.6　装配式环筋扣合锚接混凝土剪力墙结构技术标准

浆锚连接就是上部预制构件预埋钢筋旁边预留有内壁粗糙的孔洞，孔洞上下分别预留排气孔和灌浆孔，孔洞外围配有螺旋箍筋，施工时，只需将下部构件钢筋插入预留孔洞中进行压力灌浆即可实现钢筋的连接(图 2.18)。

螺旋钢筋浆锚连接构造要求应满足：

(1)连接筋的有效锚固长度，非抗震设计≥25 d，抗震设计≥30 d，d 为连接筋直筋；锚浆孔的边距 C≥5 d，净距 C_0≥30 mm+d，孔深应比锚固长度长 50 mm。连接筋位置与锚孔中心对齐，误差不大于 2 mm。

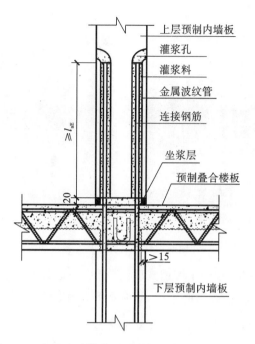

图 2.17　金属波纹管浆锚连接构造示意图（单位：mm）

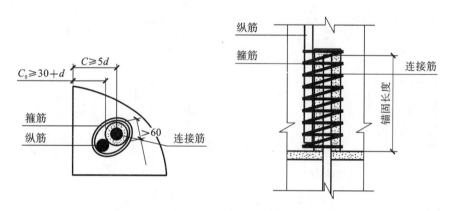

图 2.18　螺旋钢筋浆锚连接构造图（单位：mm）

（2）在锚固区，锚孔及纵筋周围宜设置螺旋箍筋，箍筋直径不小于 6 mm，间距不大于 50 mm。

3. 混凝土连接（湿式连接）

混凝土连接主要是预制构件与后浇混凝土的连接，通常通过设置粗糙面（人工凿毛法、机械凿毛法和缓凝水冲法）和抗剪键槽（图 2.19）来加强连接。

预制构件之间，以及预制构件与现浇混凝土之间的结合面应做成粗糙面。宜使用表面处理方法使外表面的骨料露出成为粗糙面。

预制构件的结合面做成键槽时，键槽的深度不宜小于 30 mm，宽度不宜小于深度的 3 倍且不宜大于深度的 10 倍；键槽可贯通截面，当不贯通时槽口距离截面边缘不宜小于

2.7　抗剪键槽构造要求

(a) 粗糙面　　　　　　　　　　　　　(b) 抗剪键槽

图 2.19　预制构件与后浇混凝土接触面处理

50 mm(图 2.20);键槽间距宜等于键槽宽度;键槽端部斜面倾角不宜大于 30°。粗糙面的面积不宜小于结合面的 80%,预制梁端、预制柱端、预制墙端的粗糙面凹凸深度不应小于 6 mm。

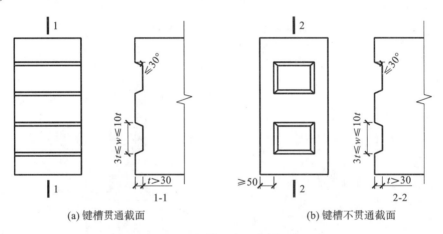

(a) 键槽贯通截面　　　　　　　　　　　(b) 键槽不贯通截面

图 2.20　梁端键槽构造示意(单位:mm)

2.2.3　装配式建筑节点现浇混凝土连接构造

装配式建筑节点现浇混凝土连接构造有叠合板的连接、预制柱的连接、楼梯的连接等。

1. 叠合板的连接

叠合板可根据预制板接缝构造、支座构造、长宽比按单向板或双向板设计。当预制板之间采用分离式接缝(图 2.21(a))时,宜按单向板设计。对长宽比不大于 3 的四边支承叠合板,当其预制板之间采用整体式接缝(图 2.21(b))或无接缝(图 2.21(c))时,可按双向板设计。

叠合板支座处的纵向钢筋应符合下列规定:板端支座处,预制板内

2.8　叠合板接缝构造要求

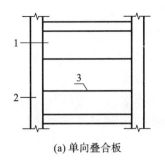 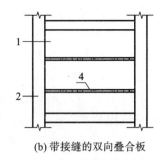 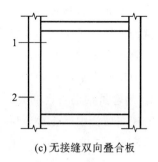

(a) 单向叠合板　　　　　(b) 带接缝的双向叠合板　　　　(c) 无接缝双向叠合板

图 2.21　叠合板的预制板接缝形式

1—预制板;2—梁或墙;3—板侧分离式接缝;4—板侧整体式接缝

的纵向受力钢筋宜从板端伸出并锚入支承梁或墙的后浇混凝土中,锚固长度不应小于 5 d (d 为纵向受力钢筋直径),且宜伸过支座中心线(图 2.22(a))。

单向叠合板的板侧支座处,当预制板内的板底分布钢筋伸入支承梁或墙的后浇混凝土中时,应符合上条的要求,当板底分布钢筋不伸入支座时,宜在紧邻预制板顶面的后浇混凝土叠合层中设置附加钢筋,附加钢筋截面面积不宜小于预制板内的同向分布钢筋面积,间距不宜大于 600 mm,在板的后浇混凝土叠合层内锚固长度不应小于 15 d,在支座内锚固长度不应小于 15 d(d 为附加钢筋直径)且宜伸过支座中心线(图 2.22(b))。

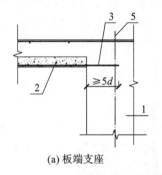 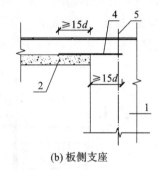

(a) 板端支座　　　　　　　　　(b) 板侧支座

图 2.22　叠合板端及板侧支座构造示意

1—支承梁或墙;2—预制板;3—纵向受力钢筋;4—附加钢筋;5—支座中心线

单向叠合板板侧的分离式接缝宜配置附加钢筋(图 2.23),并应符合下列规定:接缝处紧邻预制板顶面宜设置垂直于板缝的附加钢筋,附加钢筋伸入两侧后浇混凝土叠合层的锚固长度不应小于 15 d(d 为附加钢筋直径);附加钢筋截面面积不宜小于预制板中该方向钢筋面积,钢筋直径不宜小于 6 mm 、间距不宜大于 250 mm。

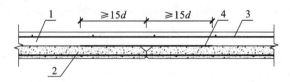

图 2.23　单向叠合板板侧分离式拼缝构造图

1—后浇混凝土叠合层;2—预制板;3—后浇层内钢筋;4—附加钢筋

双向叠合板板侧的整体式接缝宜设置在叠合板的次要受力方向上且宜避开最大弯矩截面。接缝可采用后浇带形式,并应符合下列规定:后浇带宽度不宜小于 200 mm;后浇带两侧板底纵向受力钢筋可在后浇带中焊接、搭接连接、弯折锚固;当后浇带两侧板底纵向受力钢筋在后浇带中弯折锚固时(图 2.24),应符合下列规定:叠合板厚度不应小于 10 d(d 为弯折钢筋直径的较大值),且不应小于 120 mm;接缝处预制板侧伸出的纵向受力钢筋应在后浇混凝土叠合层内锚固,且锚固长度不应小于 l_a,两侧钢筋在接缝处重叠的长度不应小于 10 d,钢筋弯折角度不应大于 30°,弯折处沿接缝方向应配置不少于 2 根通长构造钢筋,且直径不应小于该方向预制板内钢筋直径。

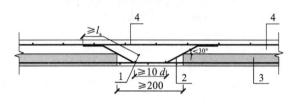

图 2.24　单向叠合板整体式接缝构造示意图(单位:mm)

1—通长构造钢筋;2—纵向受力钢筋;3—预制板;4—后浇混凝土叠合层;5—后浇层内钢筋

2. 预制柱的连接

采用预制柱及叠合梁的装配整体式框架中,柱底接缝宜设置在楼面标高处(图2.25),并应符合下列规定:后浇节点区混凝土上表面应设置粗糙面,柱纵向受力钢筋应贯穿后浇节点区,柱底接缝厚度宜为 20 mm,并应采用灌浆料填实。

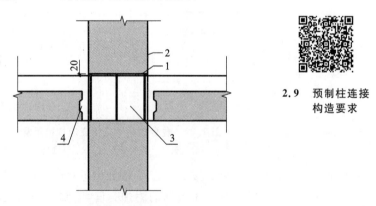

2.9　预制柱连接构造要求

图 2.25　预制柱底接缝构造示意图(单位:mm)

1—后浇节点区混凝土上表面粗糙面;2—接缝灌浆层;3—后浇区;4—梁端键槽

梁、柱纵向钢筋在后浇节点区内采用直线锚固、弯折锚固或机械锚固的方式时,其锚固长度应符合现行国家标准《混凝土结构设计规范》(GB 50010—2010)中的有关规定;当梁、柱纵向钢筋采用锚固板时,应符合现行行业标准《钢筋锚固板应用技术规程》(JGJ 256—2011)中的有关规定。

3. 墙的连接

楼层内相邻预制剪力墙之间应采用整体式接缝连接,且应符合下列规定:当接缝位于纵横墙交接处的约束边缘构件区域时,约束边缘构件的阴影区域宜全部采用后浇混凝土(图 2.26),并应在后浇段内设置封闭箍筋;当接缝位于纵横墙交接处的构造边缘构件区域时,构造边缘构件宜全部采用后浇混凝土(图 2.27);当仅在一面墙上设置后浇段时,后浇段的长度不宜小于 300 mm(图 2.28)。

2.10 预制墙连接造要求

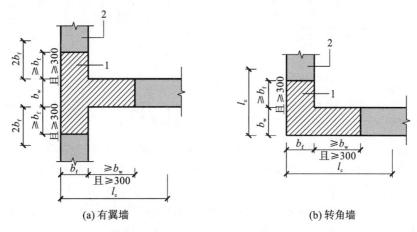

(a)有翼墙   (b)转角墙

图 2.26 约束边缘构件阴影区域全部后浇构造图(单位:mm)

l_c—约束边缘构件沿墙肢的长度;1—后浇段;2—预制剪力墙

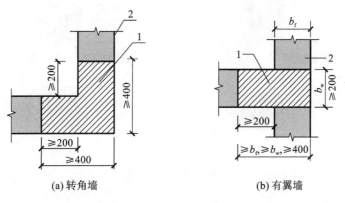

(a)转角墙   (b)有翼墙

图 2.27 构造边缘构件全部后浇构造示意(单位:mm)

1—后浇段;2—预制剪力墙

边缘构件内的配筋及构造要求应符合现行国家标准《建筑抗震设计规范》(GB 50011—2010)的有关规定;预制剪力墙的水平分布钢筋在后浇段内的锚固、连接应符合现行国家标准《混凝土结构设计规范》(GB 50010—2010)的有关规定。非边缘构件位置,相邻预制剪力墙之间应设置后浇段,后浇段的宽度不应小于墙厚且不宜小于 200 mm;后浇段内应设置不少于 4 根竖向钢筋,钢筋直径不应小于墙体竖向分布筋直径且不应小于 8 mm;两侧墙体的水平分布筋在后浇段内的锚固、连接应符合现行国家标准《混凝土结构设计规范》(GB 50010—2010)的有关规定。

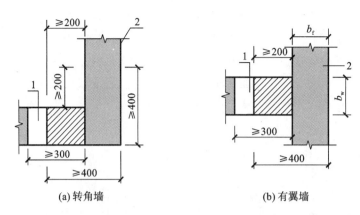

(a)转角墙　　　　　　　　　(b)有翼墙

图 2.28　构造边缘构件部分后浇构造示意(斜线区域为构造边缘构件范围)(单位:mm)

1—后浇段;2—预制剪力墙

屋面以及立面收进的楼层,应在预制剪力墙顶部设置封闭的后浇钢筋混凝土圈梁(图 2.29),并应符合下列规定:圈梁截面宽度不应小于剪力墙的厚度,截面高度不宜小于楼板厚度及 250 mm 的较大值;圈梁应与现浇或者叠合楼、屋盖浇筑成整体。圈梁内配置的纵向钢筋不应少于 4φ12,且按全截面计算的配筋率不应小于 0.5% 和水平分布筋配筋率的较大值,纵向钢筋竖向间距不应大于 200 mm;箍筋间距不应大于 200 mm,且直径不应小于 8 mm。

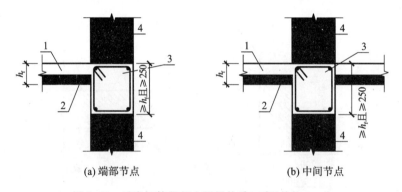

(a)端部节点　　　　　　　　(b)中间节点

图 2.29　后浇钢筋混凝土圈梁构造示意(单位:mm)

1—后浇混凝土叠合层;2—预制板;3—后浇圈梁;4—预制剪力墙

各层楼面位置,预制剪力墙顶部无后浇圈梁时,应设置连续的水平后浇带(图 2.30);水平后浇带应符合下列规定:水平后浇带宽度应取剪力墙的厚度,高度不应小于楼板厚度;水平后浇带应与现浇或者叠合楼、屋盖浇筑成整体。水平后浇带内应配置不少于 2 根连续纵向钢筋,其直径不宜小于 12 mm。

预制剪力墙底部接缝宜设置在楼面标高处,并应符合下列规定:接缝高度宜为 20 mm;接缝宜采用灌浆料填实;接缝处后浇混凝土上表面应设置粗糙面。

上下层预制剪力墙的竖向钢筋,当采用套筒灌浆连接和浆锚搭接连接时,应符合下列规定:边缘构件竖向钢筋应逐根连接;预制剪力墙的竖向分布钢筋,当仅部分连接时(图 2.31),被连接的同侧钢筋间距不应大于 600 mm,且在剪力墙构件承载力设计和分布钢筋

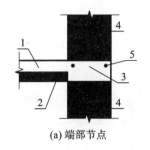 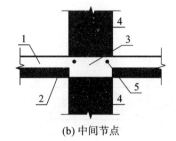

图 2.30　水平后浇带构造示意

1—后浇混凝土叠合层；2—预制板；3—水平后浇带；4—预制墙板；5—纵向钢筋

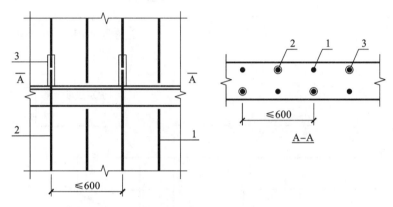

图 2.31　预制剪力墙竖向分布钢筋连接构造示意（单位：mm）

1—不连接的竖向分布钢筋；2—连接的竖向分布钢筋；3—连接接头

配筋率计算中不得计入不连接的分布钢筋；不连接的竖向分布钢筋直径不应小于 6 mm；一级抗震等级剪力墙以及二、三级抗震等级剪力墙底部加强部位，剪力墙的边缘构件竖向钢筋宜采用套筒灌浆连接。

4.楼梯的连接

预制楼梯与支承构件之间有三种连接形式：高端支承为固定铰支座，低端支承为滑动铰支座；高端支承为固定端支座，低端支承为滑动支座；高端支承和低端支承均为固定端支座。

2.11　预制楼梯
连接构造

预制楼梯与支承构件宜采用简支连接：预制楼梯宜一端设置固定铰，另一端设置滑动铰，其转动及滑动变形能力应满足结构层间位移的要求，且预制楼梯端部在支承构件上的最小搁置长度应符合表2.5的规定；预制楼梯设置滑动铰的端部应采取防止滑落的构造措施。

表 2.5　预制楼梯在支承构件上的最小搁置长度

抗震设防烈度	6 度	7 度	8 度
最小搁置长度/mm	75	75	100

（1）高端支承为固定铰支座，低端支承为滑动铰支座（图 2.32）。

高端支座处的梯梁预留螺栓，预制楼梯板预留孔洞，梯段与梯梁的端部顶紧，梯段底

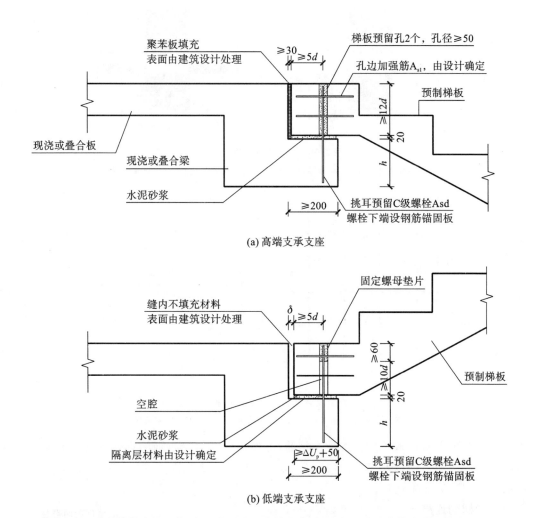

图 2.32 预制楼梯连接示意（高端支承为固定铰支座，低端支承为滑动铰支座）（单位：mm）

与梯梁顶之间采用水泥砂浆找平连接；低端支座处的梯梁预留螺栓，梯段预留孔洞，梯梁端部和梯梁端部之间预留一定的空隙，空隙的大小 δ 为结构层间弹塑性位移限值，梯段底与梯梁顶之间采用水泥砂浆找平连接，梯梁可以在支座上滑动和转动。

（2）高端支承为固定端支座，低端支承为滑动支座（图 2.33）。

高端支承处，梯板端部预留钢筋伸入现浇或叠合梯梁，梯梁和梯板实现固定连接；低端支承处，梯梁端部和梯梁端部之间预留一定的空隙，空隙的大小 δ 为结构层间弹塑性位移限值，梯段底与梯梁顶之间采用预埋钢板，钢板之间铺满石墨粉或者采用聚四氟乙烯板，梯板搁置在梯梁上，梯梁可以在支座上滑动。

（3）高端支承和低端支承均为固定端支座（图 2.34）。

梯板两端均预留钢筋，梯梁均为现浇或叠合梁，预留钢筋伸入梯梁内现浇，形成固定端连接。

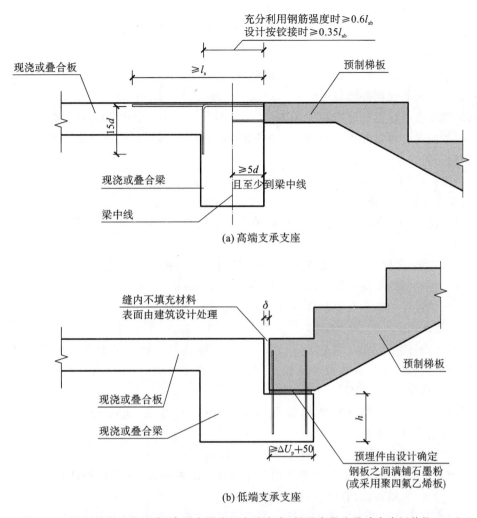

图 2.33 预制楼梯连接示意(高端支承为固定端支座,低端支承为滑动支座)(单位:mm)

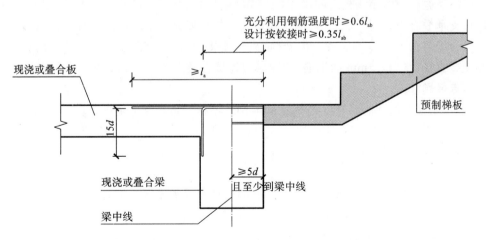

图 2.34 预制楼梯连接示意(两端均为固定端支座,高端支承同图 2.33(a),
　　　　 本图为低端支承)(单位:mm)

习 题

1. 填空题

(1) 预制柱接缝应设置在( )标高处,接缝厚度宜为( )mm。

(2) 预制夹心保温外墙板由( )板、( )板、( )板组成。

(3) 预制夹心保温外墙板的保温板的( )、( )、( )性能应满足规范要求。

(4) 预制夹心保温外墙板的外叶墙板钢筋网布置方位是:水平钢筋布置在( )侧,竖向钢筋布置在( )侧。

(5) 内叶板钢筋为双向双层布置,其钢筋布置位置是:水平筋在竖向筋( )侧布置,竖向筋布置在( )侧。

(6) 预制钢筋桁架叠合板中平行于钢筋桁架的钢筋是( ),布置在垂直钢筋的( )侧。

(7) 叠合板的预制板与现浇板之间应设粗糙面,粗糙面的面积不小于结合面的( )%,预制板的粗糙面凹凸深度不应小于( )mm。

(8) 浆锚连接的锚孔及纵筋周围宜设置螺旋箍筋,箍筋直径不小于( )mm,间距不大于( )mm。

(9) 节点和连接应同时满足( )和( )阶段的承载力、稳定性和变形的要求。

(10) 节点和连接的承载力和延性不宜低于同类现浇结构,亦不低于构件本身,满足( )的设计理念。

(11) 浆锚连接筋的有效锚固长度 L, d 为连接筋直径,非抗震设计时 L 应满足( ),抗震设计时满足( )。

(12) 灌浆连接又分为( )连接和( )连接。

(13) 叠合梁的预制混凝土与现浇混凝土之间应设粗糙面,粗糙面的面积不小于结合面的( )%,粗糙面凹凸深度不应小于( )mm。

(14) 预制构件混凝土之间的连接一般采用湿连接,湿连接包括( )和( )连接。

(15) 当叠合板的预制板之间采用( )接缝时,宜按单向板设计;对长宽比不大于3的四边支承叠合板,当其预制板之间采用( )接缝或无接缝时,可按双向板设计。

(16) 编号为 GTB5J-36/32A 的套筒,表示连接两根屈服强度为 500 MPa 的钢筋,灌浆端连接直径为( )mm 的钢筋,非灌浆端连接直径为( )mm 的钢筋。

2. 选择题

(1) 预制柱上的预制梁宽度是 300 mm,则预制柱的最小截面宽度是( )mm。

A. 300   B. 400   C. 450   D. 500

(2) 预制柱纵筋最小直径是( )mm。

A. 10   B. 20   C. 30   D. 40

(3) 预制柱纵筋连接区域长度是 300 mm,则柱箍筋加密区长度是( )mm。

A. 300   B. 500   C. 600   D. 800

(4) 预制剪力墙纵向受力钢筋连接采用( )连接。

A. 焊接   B. 机械   C. 套筒   D. 搭接

(5)预制柱接缝应设置在（　　　）。

A. 柱底楼面处　　　　B. 柱中间　　　　C. 柱上部梁底处　　　D. 上层楼板底

(6)为了加强预制柱与现浇节点之间的连接,柱顶混凝土表面应设置（　　　）。

A. 粗糙面　　　　B. 抗剪键槽　　　　C. 预埋螺栓　　　D. 预埋钢筋

(7)预制柱在楼面处采用灌浆料连接,厚度为（　　　）mm。

A. 10　　　　B. 20　　　　C. 30　　　　D. 40

(8)预制夹心保温外墙板的保温层应设置在墙的（　　　）。

A. 外侧　　　　B. 内侧　　　　C. 中间　　　D. 都可以

(9)预制夹心保温外墙板的受力部分是（　　　）。

A. 外叶墙　　　　B. 内叶墙　　　　C. 保温层　　　D. 内叶和外叶墙

(10)预制夹心保温外墙板的灌浆套筒应设置在（　　　）。

A. 外叶墙底部　　　　B. 内叶墙底部　　　　C. 外叶墙顶部　　　D. 内叶墙顶部

(11)预制夹心保温外墙板之间侧面和底面分别采用（　　　）方式连接。

A. 现浇混凝土、现浇混凝土　　　　　　B. 套筒灌浆、现浇混凝土

C. 现浇混凝土、套筒灌浆　　　　　　D. 套筒灌浆、套筒灌浆

(12)预制夹心保温外墙板的吊装预埋件设置在（　　　）。

A. 外叶墙、侧边　　　　　　B. 内叶墙、顶部

C. 内叶墙、底部　　　　　　D. 外叶墙、底部

(13)预制夹心保温外墙板的保温连接件的作用是连接（　　　）。

A. 外叶墙、保温板　　　　　　B. 内叶墙、保温板

C. 内叶墙、外叶墙　　　　　　D. 外叶墙、模板

(14)预制钢筋桁架叠合板中的钢筋桁架作用是（　　　）。

A. 增加刚度　　　　　　B. 连接上下层板

C. 受力　　　　　　D. A 和 B

(15)叠合梁端采用后浇段连接时,梁底纵向钢筋直径为 25 mm,则后浇段内箍筋间距不大于（　　　）mm。

A. 50　　　　B. 100　　　　C. 125　　　D. 150

(16)灌浆套筒的灌浆连接端的钢筋锚固长度 L_1 不宜小于（　　　）倍被连接钢筋公称直径。

A. 5　　　　B. 6　　　　C. 7　　　D. 8

3. 判断题

(1)预制柱上纵向受力钢筋应该在柱现浇节点处连接。　　　　　　　　（　　　）

(2)预制夹心保温外墙板由内、外叶墙两部分组成。　　　　　　　　（　　　）

(3)叠合梁的吊钉的作用是脱模和吊装。　　　　　　　　　　　　（　　　）

(4)叠合梁采用整体封闭箍筋,箍筋一半在预制混凝土内,一半预留。　　（　　　）

(5)板式楼梯是带平台板的直板式楼梯,分双跑楼梯和剪刀楼梯。　　　（　　　）

(6)板式楼梯的梯板分布筋垂直于梯板跨度方向,用于分散梯板应力。　（　　　）

(7)板式楼梯的梯板下部纵筋位于梯板上部跨度方向,用于抵抗梯板正弯矩。（　　　）

(8)预制叠合框架梁的后浇混凝土叠合层厚度不宜小于 150 mm。   （ ）

(9)预制叠合梁端部设置的抗剪键槽可以设计成深度为 30 mm,宽度 500 mm。

                                                                （ ）

(10)采用浆锚连接时,锚孔及纵筋周围宜设置螺旋箍筋,箍筋直径不小于 8 mm,间距不大于 100 mm。   （ ）

3　装配式建筑识图

3.1　装配式建筑工程图制图规则

装配式建筑工程施工图设计与传统的建筑工程施工图设计相比,除了应在平面、立面、剖面准确表达预制构件的应用范围、构件编号及位置、安装节点等要求,还应包括典型预制构件图、配件标准化设计与选型、预制构件性能设计等内容。施工图设计深度必须满足后续预制构件深化设计的要求。

与传统的建筑工程施工图不同的是还有一个预制构件施工图深化设计阶段,包括平立面安装布置图、典型构件安装节点详图、预制构件安装构造详图及各专业设计预留预埋件定位图。

3.1.1　建筑施工图制图规则

(1)在没有出台新的国家标准前,执行现行国家标准《房屋建筑制图统一标准》(GB/T 50001—2017)。

(2)2015年出台了第一批有关建筑产业现代化国家建筑标准设计图集,补充了新的图例符号和索引方法,如图3.1所示。

名称	图例	名称	图例
现浇混凝土构件		预制夹心外墙板	
砌体		预制外墙模板	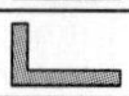
预制混凝土构件		砂浆	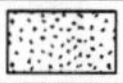
后浇段	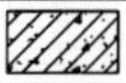	无机保温材料	
有机保温材料	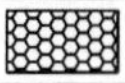		

图 3.1　装配式混凝土建筑施工图图例

3.1.2 结构施工图制图规则

(1)各类构件在施工图中所需表达的内容见表 3.1。

(2)梁、板、柱仍执行原平法制图标准。

(3)对预制构件及与预制构件相关的构件编号规则作了统一规定。

(4)对图例符号统一了表达方式。

(5)各类预制构件按表 3.2 中代号、序号方法表示。

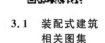

3.1 装配式建筑相关图集

表 3.1 各类构件在施工图中表达内容一览表

构件名称	施工图表达的内容	主要注写要求
墙板	平面布置图	标注未居中的墙板定位、注写墙板编号、墙板上预留洞定位、后浇段尺寸及定位、预制内墙板装配方向
	预制墙板表	注写墙板编号、位置信息、管线预埋信息、构件重量及数量、构件详图页码、外墙板应注写外叶板参数;选用标准图集时应注明对应的标准构件编号
	后浇段表	注写后浇段编号、后浇段起始标高、配筋信息
叠合板	预制底板布置图	叠合板编号、预制底板编号、各块预制底板尺寸和定位、板缝位置
	预制底板表	叠合板编号、板块内预制底板编号、所在楼层、构件数量和重量、构件详图页码、构件设计补充内容(线盒、预留洞位置)
	现浇层配筋图	同现浇混凝土结构
	水平后浇带或圈梁布置图	标注水平后浇带或圈梁分布位置及编号
	水平后浇带或圈梁表	水平后浇带或圈梁编号、所在平面位置、所在楼层及配筋等
楼梯	平面布置图	楼梯间的平面尺寸、楼层结构标高、楼梯的上下方向、预制梯板的平面尺寸、梯板类型及编号、定位尺寸等;剪刀楼梯还需标注防火墙的定位尺寸及编号
	剖面图	预制楼梯编号、梯梁编号、梯柱编号、预制梯板水平及竖向尺寸、楼梯结构标高、层间结构标高、建筑楼面做法厚度等
	预制楼梯表	构件编号、所在层号、构件重量、构件数量、构件详图页码、连接索引等
阳台板及空调板	平面布置图	预制构件编号、预制构件平面尺寸、定位尺寸、预留洞口尺寸及相对应构件本身的定位(采用标准构件时不标注)、楼层结构标高、板顶标高高差
	构件表	平面图中的编号、板厚、构件重量、构件数量、所在层号、构件详图页码;选用标准图集时应注明对应的标准构件编号

构件名称	施工图表达的内容	主要注写要求
女儿墙	平面布置图	预制构件编号、预制构件平面尺寸、定位尺寸、预留洞口尺寸及相对应构件本身的定位(标准构件时不注)、楼层结构标高、女儿墙厚度、墙顶标高
	预制女儿墙表	平面图中的编号、所在层号和轴线号、内叶墙厚、构件重量、构件数量、构件详图页码、有必要时外叶板调整参数;选用标准图集时应注明对应的标准构件编号

表 3.2　预制构件及后浇带代号表示方法

预制构件类型	代号	预制构件类型	代号
预制外墙板	YWQ	预制剪刀楼梯	JT
预制内墙板	YNQ	预制阳台板	YYTB
预制隔墙板	GQ	预制女儿墙	YENQ
预制叠合梁	DL	预制空调板	YKTB
预制叠合连梁	DLL	约束边缘构件后浇段	YHJ
预制叠合楼面板	DLB	构造边缘构件后浇段	GHJ
预制叠合屋面板	DWB	边缘构件后浇段	AHJ
预制叠合悬挑板	DXB	叠合板底板接缝	JF
预制外墙模板	JM	叠合板底板密拼接缝	MF
预制双跑楼梯	ST	水平后浇带	SHJD

3.2　装配式混凝土结构(剪力墙结构)施工图表示方法

　　装配式混凝土结构施工图表示形式,是在结构平面图上表达各结构构件的布置,与构件详图、构造详图相配合,形成一套完整的装配式混凝土结构设计文件,与之配套的国家建筑标准设计图集包括《装配式混凝土结构连接节点构造》《预制混凝土剪力墙外墙板》《桁架钢筋混凝土叠合板(60 mm 厚底板)》《预制钢筋混凝土板式楼梯》《预制钢筋混凝土阳台板、空调板及女儿墙》《装配式混凝土结构住宅建筑设计示例(剪力墙结构)》《混凝土结构施工平面整体表示方法制图规则和构造详图(现浇混凝土框架、剪力墙、框架-剪力墙、梁、板)》。

　　本制图规则适用于非抗震和抗震设防烈度为 6~8 度地区的装配式混凝土剪力墙住宅楼的设计,其他类型建筑可参考使用。

3.2.1　总则

（1）装配式混凝土结构（剪力墙结构）施工图文件的编制宜按构件平面布置图（基础、剪力墙、板、楼梯等）、节点、预制构件模板及配筋的顺序排列。

3.2　装配式混凝土结构表示方法及示例

（2）按照图集绘图规则绘制施工图时，可在结构平面布置图中直接标注各类预制构件的编号，并列表注释预制构件的尺寸、重量、数量和选用方法等。

①预制构件编号中含有类型代号和序号，类型代号指明预制构件种类，序号用于将同类构件顺序编号。

②当直接选用标准图集中的预制构件时，因配套图集中已按构件类型注明编号并配以详图，只需在构件表中明确平面布置图中构件编号与所选图集中构件编号的对应关系，使两者结合构成完整的结构设计图。

③当自行设计预制构件时，设计者需根据具体工程绘制构件详图，可参考相关配套图集。

（3）设计绘制装配式混凝土结构施工图时，标高注写应满足以下要求。

①用表格或其他方式注明包括地下和地上各层的结构层楼面标高、结构层高及相应的结构层号（表3.3）。

②结构层楼面标高和结构层高在单项工程中必须统一。应将统一的结构楼面标高和结构层高分别放在墙、板等各类构件的施工图中。

表3.3　结构层楼面标高结构层高（上部结构嵌固部位：−0.100 m）

层号	标高/m	层高/m	
9	22.300	2.800	
8	19.500	2.800	
7	16.700	2.800	
6	13.900	2.800	
5	11.100	2.800	
4	8.300	2.800	
3	5.500	2.800	约束边缘构件区域
2	2.700	2.800	
1	−0.100	2.800	
−1	−2.750	2.650	
−2	−5.450	2.700	

（表左侧标注：底部加强部位，对应层号 3、2、1）

（4）施工图必须写明以下内容。

①注明选用的装配式混凝土结构标识方法标准图的图集号，注明选用的构件标注图集号。

②注明装配式混凝土结构的设计使用年限。

③注明各类预制构件和现浇构件在不同部位所选用的混凝土强度等级和钢筋级别，以确定相应预制构件预留钢筋的最小锚固长度和最小搭接长度等。

④当标准构造详图有多种可选择的构造做法时,设计人应写明在何部位选用何种构造做法。

⑤注明后浇段、纵筋、预制墙体分布筋等在具体工程中需接长时所采用的连接形式及有关要求,必要时,尚应注明对接头的性能要求。轴心受拉及小偏心受拉构件的受力钢筋不得采用绑扎搭接,设计应在结构平面图中注明其平面位置及层数。

⑥注明结构不同部位所处的环境类别。

⑦注明上部结构的嵌固位置。

(5)对预制构件和后浇段的混凝土保护层厚度、钢筋搭接和锚固长度,除在结构施工图中另有注明外,均按国家规范要求执行。

3.2.2 预制混凝土剪力墙施工图制图规则

(1)预制混凝土剪力墙(简称预制剪力墙)平面布置图应按标准层绘制,内容包括预制剪力墙、现浇剪力墙、后浇段、现浇段、楼面梁、水平后浇带或圈梁等(图 3.2)。

3.3 装配式混凝土剪力墙表示方法

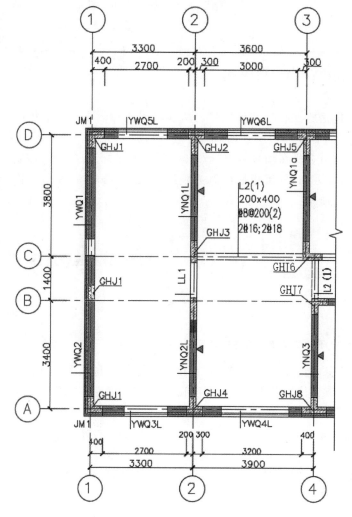

图 3.2 8.300～55.900 剪力墙平面布置图(单位:mm)

（2）平面布置图中,应注明未居中承重墙与轴线的定位,标明预制剪力墙的门窗洞口、结构洞的尺寸和定位,还需标明预制剪力墙的装配方向。

（3）应标明水平后浇带和圈梁的位置。

（4）预制剪力墙编号规定:剪力墙编号由墙板代号、序号组成(表3.2)。例:YWQ1,表示预制外墙,序号为 1;YNQ5a,表示某工程有一块预制混凝土内墙板与已编号的YNQ5 除了线盒位置不同,其他参数均相同,为了简便起见,将该预制内墙编为5a。

（5）列表注写方式:为表达清楚、简便,装配式剪力墙结构可视为由预制剪力墙、后浇段、现浇剪力墙身、现浇剪力墙柱、现浇剪力墙梁等构件组成。其中,现浇剪力墙身、现浇剪力墙柱和现浇剪力墙梁的注写方式应符合原平法标注规定。对应于预制剪力墙平面布置图上的编号,在预制墙板表中,选用标准图集中的预制剪力墙或引用施工图中自行设计的预制剪力墙;在后浇段表中,绘制截面配筋图并注写几何尺寸与配筋具体数值(表3.4)。

表 3.4　剪力墙梁表

编号	所在层号	梁顶相对标高高差/mm	梁截面尺寸/mm	上部纵筋	下部纵筋	箍筋
LL1	4～20	0.000	200×500	2C16	2C16	C8@100(2)

（6）预制墙板表中表达的内容包括如下各项。

①墙板编号。

②各段墙板位置信息,包括所在轴号和楼层号。所在轴号先标注垂直于墙板的起止轴号,用"～"表示起止方向;再标注墙板所在轴线轴号,二者用"/"分隔。如果同一轴线、同一起止区域内有多块墙板,可在所在轴号后用"-1""-2"…顺序标注。同时,需要在平面图中注明预制剪力墙的装配方向,外墙板以内侧为装配方向,不需要特殊标注,内墙板用▲表示装配方向,如图 3.3 所示。

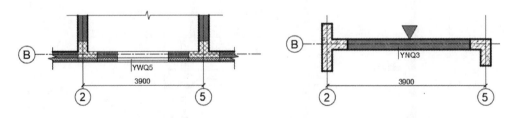

图 3.3　预制剪力墙装配方向表示方法(单位:mm)

③注写管线预埋位置信息,当选用标准图集时,高度方向可只注写低区、中区和高区,水平方向根据标准图集的参数进行选择;当不可选用标准图集时,高度方向和水平方向均应注写具体定位尺寸,其参数位置所在装配方向为 X、Y,装配方向背面为 X'、Y',可用下角标编号区分不同线盒(图3.4)。

④构件重量、数量。

⑤构件详图页码,当选用标准图集时,需标注图集号和相应页码;当自行设计时,应注写构件详图的图纸编号(表3.5)。

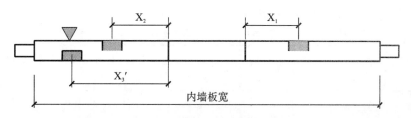

图 3.4　线盒位置表示方法

表 3.5　预制墙板表

平面图中编号	内叶墙板	外叶墙板/mm	管线预埋/mm	所在层号	所在轴号	墙厚(内叶墙)/mm	构件重量/t	数量	构件详图页码（图号）
YWQ1	—	—	见大样图	4～20	B～D/1	200	6.9	17	结施-01
YWQ2	—	—	见大样图	4～20	A～B/1	200	5.3	17	结施-02
YWQ3L	WQC1-3328-1514	WY-1 $a=190$ $b=20$	低区 x=450 高区 x=280	4～20	1～2/A	200	3.4	17	15G365-1,60、61
YWQ4L	—	—	见大样图	4～20	2～4/A	200	3.8	17	结施-03
YWQ5L	WQC1-3328-1514	WY-2 $a=20$ $b=190$ $c_L=c_R=590$ $d_L=d_R=80$	低区 x=450 高区 x=280	4～20	1～2/D	200	3.9	17	15G365-1,60、61
YWQ6L	WQC1-3628-1514	WY-2 $a=290$ $b=290$ $c_L=c_R=590$ $d_L=d_R=80$	低区 x=450 高区 x=430	4～20	2～3/D	200	4.5	17	15G365-1,64、65
YNQ1	NQ-2728	—	低区 x=150 高区 x=450	4～20	C～D/2	200	3.6	17	15G365-2,16、17
YNQ2L	NQ-2428	—	低区 x=450 中区 x=750	4～20	A～B/2	200	3.2	17	15G365-2,14、15
YNQ3	—	—	见大样图	4～20	A～B/4	200	3.5	17	结施-04
YNQ1a	NQ-2728	—	低区 x=150 高区 x=750	4～20	C～D/3	200	3.6	17	15G365-2,16、17

　　(7)标准图集的预制混凝土剪力墙外墙由内叶墙板、保温层和外叶墙板组成。预制墙板表中需注写所选图集中内叶墙板编号和外叶墙板控制尺寸。

①标准图集中的内叶墙板共五种形式,编号规则见表3.6。

表3.6 内叶墙板编号示例

预制墙板类型	示意图	墙板编号	标志宽度/mm	层高/mm	门/窗宽/mm	门/窗高/mm	门/窗宽/mm	门/窗高/mm
无洞口外墙		WQ-1828	1800	2800				
一个窗洞高窗台外墙		WQC1-3028-1514	3000	2800				
一个窗洞矮窗台外墙		WQCA-3028-1518	3000	2800	1500	1800		
两窗洞外墙		WQC2-4228-0614-1514	4200	2800	600	1400	1500	1400
一个门洞外墙		WQM-3628-1823	3600	2800	1800	2300		

②标准图集中的外叶墙板共有两种类型(图3.5)。

a.标准图集中外叶墙板 wy-1(a、b),按实际情况标注 a、b。

b.带阳台外叶墙板 wy-2(a、b、c_L 或 c_R、d_L 或 d_R),选用时按外叶板实际情况标注 a、b、c、d。

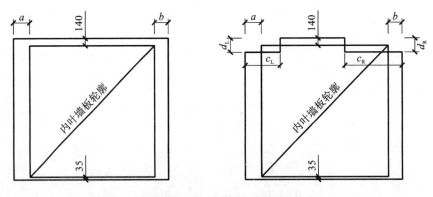

图 3.5 标准图集中外叶墙板内表面图(单位:mm)

③若设计的预制外墙板与标准图集中板型的模板、配筋不同时,应由设计单位进行构件详图设计。

④当部分预制外墙选用《预制混凝土剪力墙外墙板》图集中的墙板做法时,另行设计的墙板应与该图集做法及要求相配套。

(8)当选用标准图集中的内墙板时,编号方法详见表3.7。

表 3.7　标准图集中预制混凝土内墙板编号示例

预制墙板类型	示意图	墙板编号	标志宽度/mm	层高/mm	门宽/mm	门高/mm
无洞口内墙		NQ-2128	2100	2800		
固定门垛内墙		NQM1-3028-0921	3000	2800	900	2100
中间门洞内墙		NQM2-3029-1022	3000	2900	1000	2200
刀把内墙		NQM3-3329-1022	3300	2900	1000	2200

(9)后浇段编号规定如下:后浇段编号由后浇段类型代号和序号组成,表达形式符合表 3.2 的规定。在编号中,如果后浇段的截面尺寸与配筋均相同,仅截面与轴线的关系不同时,可将其编为同一后浇段编号。约束边缘构件后浇段包括有翼墙和转角墙两种(图 3.6);构造边缘构件后浇段包括构造边缘翼墙、构造边缘转角墙、边缘暗柱三种(图 3.7);非边缘构件后浇段构造见图 3.8。

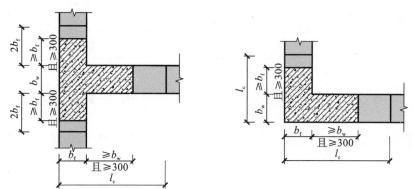

图 3.6　约束边缘构件后浇段(YHJ)(单位:mm)

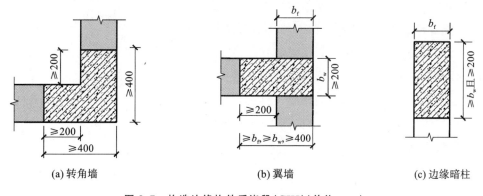

(a)转角墙　　　　　　　　(b)翼墙　　　　　　　　(c)边缘暗柱

图 3.7　构造边缘构件后浇段(GHJ)(单位:mm)

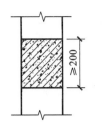

图3.8 非边缘构件后浇段
(AHJ)(单位:mm)

(10)后浇段表中表达的内容包括如下各项。

①注写后浇段编号,绘制该后浇段截面配筋图,标注后浇段几何尺寸。

②注写后浇段的起止标高,自后浇段根部往上以变截面位置或截面未变但配筋改变处为界分段注写。

③注写后浇段的纵向钢筋和箍筋,注写值应与表中绘制的截面配筋对应,纵向钢筋标注直径和数量;箍筋、拉筋注写方式同现浇剪力墙结构墙柱箍筋的注写方式。

④预制墙板外露钢筋尺寸应标注至钢筋中线,保护层厚度应标注至箍筋外表面。

(11)预制混凝土叠合梁编号由代号、序号组成,表达形式符合表3.2的规定。

(12)预制外墙模板编号由类型代号和序号组成(表3.2),预制外墙模板表内容包括平面图中编号、所在层号、所在轴号、外叶墙板厚度、构件重量、数量、构件详图页码,见表3.8。

表3.8 预制外墙模板表

平面图中编号	所在层号	所在轴号	外叶墙板厚度/mm	构件重量/t	数量	构件详图页码(图号)
JM1	4～20	A/1;D/1	60	0.47	34	15G365-1;228

3.2.3 叠合楼盖施工图制图规则(适合以剪力墙、梁为支座的叠合楼面板)

(1)叠合楼盖施工图主要包括预制底板布置平面图(图3.9(a))、现浇层配筋平面图(图3.9(b))、水平后浇带平面布置图(图3.10)。

(2)所有叠合板应逐一编号,相同编号板块可择其一做集中标注,其他仅注写置于圆圈内的板编号,当板面标高不同时,在板编号的斜线下标注标高高差,下降为"-"。叠合板编号由代号和序号组成,并应符合表3.2的规定。

(3)叠合楼盖现浇层注写方法同现浇结构板平法标注,同时应标注叠合板编号。

(4)预制底板标注:预制底板平面布置图中需要标注叠合板编号、预制底板编号、各块预制底板尺寸和定位。当选用标准图集中的预制底板时,可直接在板块上标注标准图集中的底板编号。预制底板为单向板时,还应标注板边调节缝和定位;预制底板为双向板时还应标注接缝尺寸和定位;当板面标高不同时,标注底板标高高差,下降为"-",同时应给出预制底板表(表3.9)。

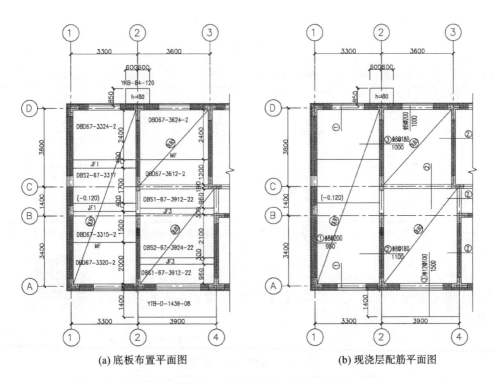

(a) 底板布置平面图　　　　　(b) 现浇层配筋平面图

图 3.9　5.500～55.900 板结构平面图(单位:mm)

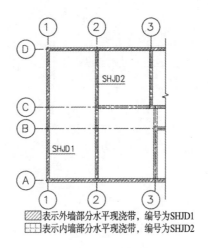

▨表示外墙部分水平现浇带，编号为SHJD1
▦表示内墙部分水平现浇带，编号为SHJD2

图 3.10　5.500～55.900 水平后浇带平面布置图(单位:mm)

表3.9　叠合板预制底板表

叠合板编号	选用构件编号	所在楼层	构件重量/t	数量	构件详图页码（图号）
DLB1	DBD67-3320-2	3～21	0.93	19	15G366-1,65
	DBD67-3315-2	3～21	0.7	19	15G366-1,63
	DBS2-67-3317	3～21	0.87	19	结施-35
	DBD67-3324-2	3～21	1.23	19	15G366-1,66
DLB2	DBS1-67-3912-22	3～21	0.56	38	15G366-1,22
	DBS2-67-3924-22	3～21	1.23	19	15G366-1,41
DLB3	DBD67-3612-2	3～21	0.62	19	15G366-1,62
	DBD67-3624-2	3～21	1.23	19	15G366-1,66

注：未注明的预制构件板底标高为本层标高减去叠合板板厚，降板部分的板底标高为叠合板底板标高减去降板所降高度。

（5）预制底板表中需要标明叠合板编号，板块内的预制底板编号及其与叠合板编号的对应关系、所在楼层、构件重量和数量、构件详图页码、构件设计补充内容。

3.4　装配式混凝土叠合板表示方法

（6）标准图集中预制底板编号规则如表3.10～表3.12所示。

表3.10　标准图集中叠合板底板编号

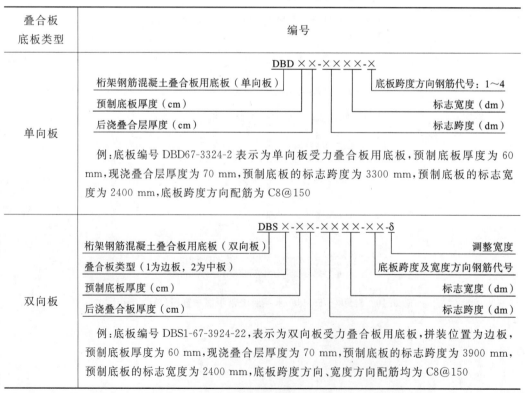

叠合板底板类型	编号
单向板	DBD ××-××××-× 桁架钢筋混凝土叠合板用底板（单向板） 预制底板厚度（cm） 后浇叠合层厚度（cm） 底板跨度方向钢筋代号：1～4 标志宽度（dm） 标志跨度（dm） 例：底板编号 DBD67-3324-2 表示为单向板受力叠合板用底板，预制底板厚度为 60 mm，现浇叠合层厚度为 70 mm，预制底板的标志跨度为 3300 mm，预制底板的标志宽度为 2400 mm，底板跨度方向配筋为 C8@150
双向板	DBS ×-××-××××-××-δ 桁架钢筋混凝土叠合板用底板（双向板） 叠合板类型（1为边板，2为中板） 预制底板厚度（cm） 后浇叠合板厚度（cm） 调整宽度 底板跨度及宽度方向钢筋代号 标志宽度（dm） 标志跨度（dm） 例：底板编号 DBS1-67-3924-22，表示为双向板受力叠合板用底板，拼装位置为边板，预制底板厚度为 60 mm，现浇叠合层厚度为 70 mm，预制底板的标志跨度为 3900 mm，预制底板的标志宽度为 2400 mm，底板跨度方向、宽度方向配筋均为 C8@150

表 3.11　单向板底板钢筋编号表

代号	1	2	3	4
受力钢筋规格及间距	C8@200	C8@150	C10@200	C10@150
分布钢筋规格及间距	C6@200	C6@200	C6@200	C6@200

表 3.12　双向板底板跨度、宽度方向钢筋代号组合表

编号	跨度方向钢筋			
宽度方向钢筋	C8@200	C8@150	C10@200	C10@150
C8@200	11	21	31	41
C8@150	—	22	32	42
C8@100	—	—	—	43

单向板和双向板底板宽度及跨度分别见表 3.13、表 3.14。

表 3.13　单向板底板宽度及跨度

宽度	标志宽度/mm	1200	1500	1800	2000	2400	
	实际宽度/mm	1200	1500	1800	2000	2400	
跨度	标志跨度/mm	2700	3000	3300	3600	3900	4200
	实际跨度/mm	2520	2820	3120	3420	3720	4020

表 3.14　双向板底板宽度及跨度

宽度	标志宽度/mm	1200	1500	1800	2000	2400	
	边板实际宽度/mm	960	1260	1560	1760	2160	
	中板实际宽度/mm	900	1200	1500	1700	2100	
跨度	标志跨度/mm	3000	3300	3600	3900	4200	4500
	实际跨度/mm	2820	3120	3420	3720	4020	4320
	标志跨度/mm	4800	5100	5400	5700	6000	
	实际跨度/mm	4620	4920	5220	5520	5820	

(7)叠合楼盖预制底板接缝需要在平面图上标注其编号、尺寸、位置,并需给出接缝的详图(图 3.11)。

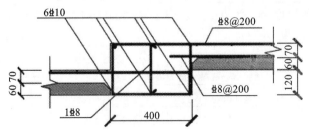

图 3.11　叠合楼盖预制底板接缝 JF1(单位:mm)

①当叠合楼盖预制底板接缝选用标准图集时,可在接缝表中写明节点选用图集号、页码、节点号和相关参数(表 3.15)。

表 3.15 接缝表

平面图中编号	所在楼层	节点详图页码(图号)
MF	3～21	15G310-1,28,B6-1;A_{sd} 为 C8@200, 附加通长构造钢筋为 C6@200
JF2	3～21	15G310-1,20,B1-2;A_{sn} 为 3C8@150
JF3	3～21	15G366-1,82
JF4	3～21	

②自行设计叠合楼盖预制底板接缝时,需要给出节点详图。

(8)若设计的预制底板与标准图集中版型的模板、配筋不同,应进行构件详图设计。

(9)水平后浇带或圈梁标注,须在平面图上标注后浇带或圈梁的分布位置(表 3.16),水平后浇带编号由代号和序号组成。

表 3.16 水平后浇带标注

平面中编号	平面所在位置	所在楼层	配筋	箍筋/拉筋
SHJD1	外墙	3～21	2C14	1A8
SHJD2	内墙	3～21	2C12	1A8

3.2.4 预制楼梯施工图制图规则

(1)预制楼梯施工图包括标准层绘制的平面布置图、剖面图、预制梯段板的连接节点、预制楼梯构件表等内容。

(2)预制楼梯选用标准图集楼梯时,在平面图上直接标注标准图集中的楼梯编号(表 3.17)。

3.5 预制楼梯
表示方法

表 3.17 预制楼梯编号

预制楼梯类型	编号
双跑楼梯	ST - ×× - ×× 预制钢筋混凝土双跑楼梯　　楼梯间净宽(dm) 层高(dm) 例:底板编号 ST-28-25,表示预制钢筋混凝土板式双跑楼梯,层高为 2800 mm,楼梯间净宽为 2500 mm
剪刀楼梯	JT - ×× - ×× 预制钢筋混凝土剪刀楼梯　　楼梯间净宽(dm) 层高(dm) 例:底板编号 JT-28-26,表示预制钢筋混凝土板式剪刀楼梯,层高为 2800 mm,楼梯间净宽为 2600 mm

(3)预制楼梯平面布置图标注内容包括楼梯间的平面尺寸、楼层结构标高、楼梯的上下方向、预制楼梯的平面几何尺寸、梯板类型及编号、定位尺寸和连接做法索引号等,剪刀楼梯中还需要标注防火隔墙的定位尺寸及做法(图3.12)。

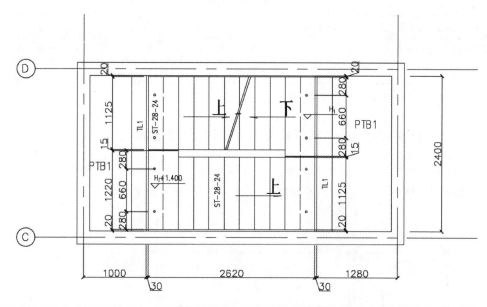

图 3.12　预制楼梯平面布置图

(4)预制楼梯剖面注写内容包括楼梯编号、梯梁梯柱编号、预制梯板水平及竖向尺寸、楼层结构标高、层间结构标高、建筑楼面做法及厚度等(图3.13)。

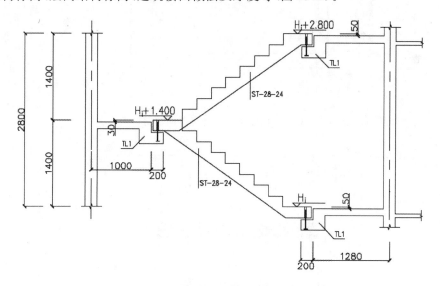

图 3.13　预制楼梯剖面图

(5)预制楼梯表的主要内容包括:构件编号、所在楼层、构件重量、构件数量、构件详图页码(选用标准图集的楼梯注写具体图集号和相应页码,自行设计的构件需注写施工图图号）、连接索引（标准构件注明具体图集号、页码和节点号；自行设计时需注写施工图页码）、备注（备注中可标明该预制构件是"标准构件"还是"自行设计"）（表3.18）。

（6）预制隔墙编号由代号、序号组成。

表3.18 预制楼梯表

构件编号	所在楼层	构件重量/t	数量	构件详图页码（图号）	连接索引	备注
ST-28-24	3～20	1.61	72	15G367-1,8～10	—	标准构件
ST-31-24	1～2	1.8	8	结施-24	15G367-1,27①②	自行设计本图略

注:TL1、PTB1详见具体工程设计。

3.2.5 预制阳台板、空调板及女儿墙施工图制图规则

（1）预制阳台板、空调板、女儿墙施工图应包括按标准层绘制的平面布置图、构件选用表。平面布置图中需要标注预制构件编号、定位尺寸及连接做法（图3.14～图3.16）。

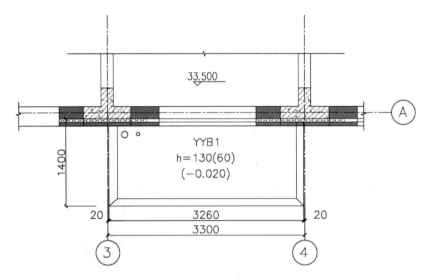

图3.14 标准预制阳台板平面注写示例

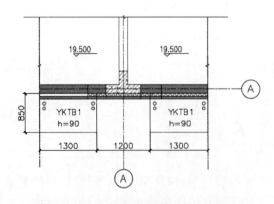

图3.15 标准预制空调板平面注写示例

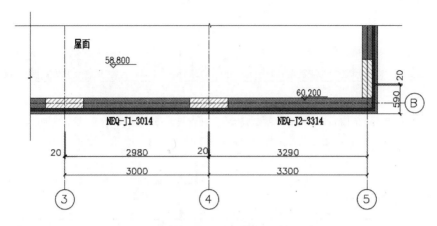

图 3.16 标准预制女儿墙平面注写示例

(2)预制阳台板、空调板、女儿墙编号应由构件代号、序号组成(表 3.19)。

表 3.19 标准图集中预制阳台板编号

预制构件类型	编号
阳台板	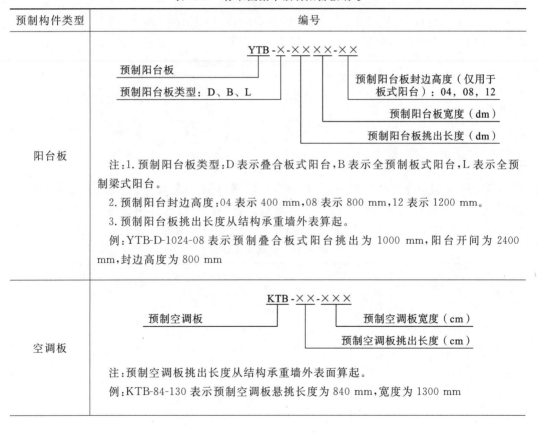注:1.预制阳台板类型:D 表示叠合板式阳台,B 表示全预制板式阳台,L 表示全预制梁式阳台。 2.预制阳台封边高度:04 表示 400 mm,08 表示 800 mm,12 表示 1200 mm。 3.预制阳台板挑出长度从结构承重墙外表算起。 例:YTB-D-1024-08 表示预制叠合板式阳台挑出为 1000 mm,阳台开间为 2400 mm,封边高度为 800 mm
空调板	注:预制空调板挑出长度从结构承重墙外表面算起。 例:KTB-84-130 表示预制空调板悬挑长度为 840 mm,宽度为 1300 mm

预制构件类型	编号
女儿墙	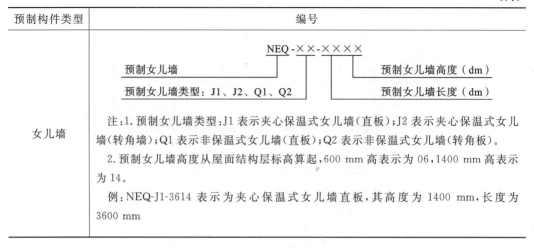 注:1.预制女儿墙类型:J1 表示夹心保温式女儿墙(直板);J2 表示夹心保温式女儿墙(转角墙);Q1 表示非保温式女儿墙(直板);Q2 表示非保温式女儿墙(转角板)。 2.预制女儿墙高度从屋面结构层标高算起,600 mm 高表示为 06,1400 mm 高表示为 14。 例:NEQ-J1-3614 表示为夹心保温式女儿墙直板,其高度为 1400 mm,长度为 3600 mm

（3）预制阳台板、空调板及女儿墙平面布置图注写内容包括:预制构件编号、平面尺寸、定位尺寸、预留洞口尺寸及相对于构件本身的定位尺寸、楼层结构标高、与结构标高不同时的标高高差、女儿墙的厚度、定位尺寸、墙顶标高。

（4）预制阳台板、空调板表（表 3.20）的主要内容:构件编号、板厚、构件重量、数量、所在层号、构件详图页码、备注。

表 3.20　预制阳台板、空调板表

平面图中编号	选用构件	板厚 h/mm	构件重量/t	数量	所在层号	构件详图页码（图号）	备注
YYB1	YTB-D-1224-4	130(60)	0.97	51	4～20	15G368-1	标准构件
YKB1	—	90	1.59	17	4～20	结施-38	自行设计

（5）预制女儿墙表（表 3.21）的主要内容包括:平面图中的编号、选用标准图集中构件编号、所在层号和轴线号、内叶墙厚、构件重量、构件数量、构件详图页码。如果女儿墙内叶墙板与标准图集一致,外叶墙板有区别,可对外叶墙板调整参数 a、b（图 3.17）后选用。

表 3.21　预制女儿墙表

平面图中编号	选用构件	外叶墙板调整	所在层号	所在轴号	墙厚(内叶墙)/mm	构件重量/t	数量	构件详图页码（图号）
YNEQ2	NEQ-J2-3614	—	屋面 1	1-2/B	160	2.44	1	15G368-1 D08-D11
YNEQ5	NEQ-J1-3914	$a=190$ $b=230$	屋面 1	2-3/C	160	2.90	1	15G368-1 D04-D05
YNEQ6	—	—	屋面 1	3-5/J	160	3.70	1	结施-74 本图集略

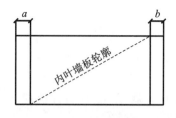

图 3.17　女儿墙外叶墙板调整选用参数示意图

3.6　预制阳台板、空调板、
　　　女儿墙表示方法

3.3　装配式建筑施工图表示方法示例

装配式建筑施工图一般包括图纸目录、设计说明、平面图、立面图、剖面图、详图、预制构件模板图、预制构件配筋图。

3.3.1　装配式结构专项说明

装配式结构专项说明包括总则、预制构件的生产和检验、预制构件的运输与堆放、现场施工规定、验收规定等内容。

3.7　装配式混凝土
　　　结构施工图

1. 总则示例

(1)本说明应与结构平面图、预制构件详图、节点详图等配合使用。

(2)主要配套标准如下。

15G107-1：	《装配式混凝土结构表示方法及示例(剪力墙结构)》
15G365-1：	《预制混凝土剪力墙外墙板》
15G365-2：	《预制混凝土剪力墙内墙板》
15G366-1：	《桁架钢筋混凝土叠合板(60 mm 厚底板)》
15G367-1：	《预制钢筋混凝土板式楼梯》
15G368-1：	《预制钢筋混凝土阳台板、空调板及女儿墙》
15G310-1：	《装配式混凝土结构连接节点构造(楼盖结构和楼梯)》
15G310-2：	《装配式混凝土结构连接节点构造(剪力墙结构)》
22G101-1：	《混凝土结构施工图平面整体表示方法制图规则和构造详图》

(3)材料要求。

①混凝土。

a.混凝土强度等级应满足"结构设计总说明"的规定,其中预制剪力墙板的混凝土轴心抗压强度标准值不得高于设计值的 20%。

b.对水泥、骨料、矿物掺合料、外加剂等的设计要求详见"结构设计总说明",应特别保证骨料级配的连续性,未经设计单位批准,混凝土中不得掺加早强剂或早强型减水剂。

c.混凝土配合比除满足设计强度要求外,尚需根据预制构件的生产工艺、养护措施等因素确定。

d.同条件养护的混凝土立方体试件抗压强度达到设计混凝土强度等级值的 75%,且不小于 15 N/mm² 时方可脱模,吊装时应达到设计强度值。

②钢筋、钢材和连接材料。

a. 预制构件使用的钢筋和钢材牌号及性能详见"结构设计总说明"。

b. 预制剪力墙纵向受力钢筋连接采用钢筋套筒灌浆连接接头,接头性能应符合《钢筋机械连接技术规程》(JGJ 107—2016)中Ⅰ级接头的要求,灌浆套筒应符合《钢筋连接用灌浆套筒》(JG/T 398—2019)的有关规定,灌浆料性能应符合《钢筋连接用套筒灌浆料》(JG/T 408—2019)的有关规定。

c. 施工用预埋件的性能指标应符合相关产品标准,且应满足预制构件吊装和临时支撑等需要。

③预制构件连接部位坐浆材料的强度等级不应低于被连接构件混凝土强度等级,且应满足下列要求:砂浆流动度在130～170 mm;1天抗压强度值不小于30 MPa;预制楼梯与主体结构的找平层采用干硬性砂浆,其强度等级不低于M15。

④预制混凝土夹心保温外墙板采用的拉结件应采用符合国家现行标准的FRP(纤维增强复合材料)或不锈钢产品。

(4)预制构件的深化设计。

①预制构件制作前应进行深化设计,深化设计文件应根据本项目施工图设计文件及选用的标准图解、生产制作工艺、运输条件和安装施工要求等进行编制。

②预制构件详图中的各类预留孔洞、预埋件和预留管线须与相关专业图纸仔细核对无误后方可下料制作。

③深化设计文件应经设计单位书面确认后方可作为生产依据。

④深化设计文件应包括(但不限于)下述内容。

a. 预制构件平面图和立面布置图。

b. 预制构件模板图、配筋图、材料和配件明细表。

c. 预埋件布置图和细部构造详图。

d. 带瓷砖饰面构件的排砖图。

e. 内、外叶墙板拉结件布置图和保温板布置图。

f. 计算书。根据《混凝土结构工程施工规范》(GB 50666—2011)的有关规定,应根据设计要求和施工方案对脱模、吊运、运输、安装等环节进行施工验算,例如预制构件、预埋件、吊具等的承载力、变形和裂缝等验算。

(5)预制构件加工单位应根据设计要求、施工要求和相关规定制定生产方案,编制生产计划。

(6)施工总承包单位应根据设计要求、预制构件制作要求和相关规定制定施工方案,编制施工组织设计。

(7)上述生产方案和施工方案尚应符合国家、行业、建设所在地的相关标准、规范、规程和地方标准等规定;应提交建设单位、监理单位审查,取得书面批准函后方可作为生产和施工依据。

(8)监理单位应对工程全过程进行质量监督和检查,并取得完整、真实的工程检测资料。项目需要实施现场专人质量监督和检查的特殊环节如下。

①预制构件在构件生产单位的生产过程、出厂检验及验收环节。

②预制构件进入施工现场的质量复检和资料验收环节。

③预制构件安装与连接的施工环节。

(9)预制构件深化设计单位、生产单位、施工总承包单位和监理单位以及其他与工程相关的产品供应厂家,均应严格执行相关规定。

(10)预制构件生产单位、运输单位和工程施工总承包单位应结合工程生产方案和施工方案采取相应的安全操作和防护措施。

2. 预制构件的生产和检验

(1)预制构件模具的尺寸允许偏差和检验方法应符合《装配式混凝土结构技术规程》(JGJ 1—2014)的相关规定。

(2)所有预制构件与现浇混凝土结合面应做粗糙面,无特殊规定时其凹凸度不小于 4 mm,且外露粗骨料的凹凸应沿整个结合面均匀连续分布。

(3)预制构件的允许尺寸偏差除满足《装配式混凝土结构技术规程》(JGJ 1—2014)的有关规定外,尚应满足如下要求。

①预留钢筋允许偏差应符合表 3.22 的规定。

表 3.22　预留钢筋允许偏差

项目	允许偏差/mm
中心线位置	±2
外伸长度	+5,−2

②与现浇结构相邻部位 200 mm 宽度范围内的表面平整度允许偏差应不超过 1 mm。

③预制墙板的误差控制应考虑相邻楼板的堵板以及同层相邻墙板的误差,应避免"累计误差"。

(4)预制剪力墙板纵向受力钢筋采用钢筋套筒灌浆连接,钢筋套筒灌浆前,应在现场模拟构件连接接头的灌浆方式,每种规格钢筋应制作不少于 3 个套筒灌浆连接接头,进行灌注质量以及接头抗拉强度的检验;经检验合格后,方可进行灌浆作业。

(5)预制构件外观应光洁平整,不应有严重缺陷,且不宜有一般缺陷;生产单位应根据不同的缺陷制定相应的修补方案,修补方案应包括材料选用、缺陷类型及对应修补方法、操作流程、检查标准等内容,经过监理单位和设计单位书面批准后方可实施。

(6)采用的预制构件应按《混凝土结构工程施工质量验收规范》(GB 50204—2015)的有关规定进行结构性能检验。

(7)预制构件的质量检验除符合上述要求外,还应符合现行国家、行业的标准、规范和建设所在地的地方规定。

3. 预制构件的运输与堆放

预制构件在运输与堆放过程中应采取可靠措施进行成品保护,如因运输与堆放环节造成预制构件严重缺陷,应视为不合格品,不得安装;预制构件应在其显著位置设置标识,标识内容应包括使用部位、构件编号等,在运输和堆放过程中不得损坏。

(1)预制构件运输。

①预制构件运输宜选用低平板车,车上应设有专用架,且有可靠的稳定构件的措施。

②预制剪力墙板宜采用竖直立放式运输,叠合板预制底板、预制阳台、预制楼梯可采用平放运输,并采取正确的支垫和固定措施。

（2）预制构件堆放。

①堆放场地应进行场地硬化，并设置良好的排水设施。

②预制外墙板采用靠放时，外饰面应朝内。

③叠合板预制底板、预制阳台、预制楼梯可采用水平叠放方式，层与层之间应垫平、垫实，最下面一层支垫应通长设置，叠合板预制底板水平叠放层数不应大于6层，预制阳台板水平叠放层数不应大于4层，预制楼梯水平叠放层数不应大于6层。

4. 现场施工

（1）预制构件进场时，须进行外观检查，并核收相关质量文件。

（2）施工单位应编制详细的施工组织设计和专项施工方案。

（3）施工单位应对套筒灌浆施工工艺进行必要的试验，对操作人员进行培训、考核，施工现场派有专人值守和记录，并留有影像资料；应注意对具有瓷砖饰面的预制构件的成品保护。

（4）预制剪力墙的安装。

①安装前，应对连接钢筋与预制剪力墙板套筒的配合度进行检查，不允许在吊装过程中对连接钢筋进行校正。

②预制剪力墙外墙板应采用有分配梁或分配桁架的吊具，吊点合力作用线应与预制构件重心重合；预制剪力墙外墙板在校准定位和临时支撑安装完成后方可脱钩。

③预制墙板安装就位后，应及时校准并采取与楼层间的临时斜支撑措施，且每个预制墙板的上部斜支撑和下部斜支撑各不宜少于2道。

④钢筋套筒灌浆应根据分仓设计设置分仓，分仓长度沿预制剪力板长度方向不宜大于1.5 m，并应对各仓接缝周围进行封堵，封堵措施应符合结合面承载力设计要求，且单边入墙厚度不应大于20 mm，常用剪力墙墙板的灌浆区域具体划分尺寸参见《预制混凝土剪力墙外墙板》（15G365-1）和《预制混凝土剪力墙内墙板》（15G365-2）；其他剪力墙墙板灌浆区域划分见详图。

（5）叠合楼盖的施工。

施工时应设置临时支撑，主要要求如下：

a. 第一道横向支撑距墙边不大于0.5 m；

b. 最大支撑间距不大于2 m。

（6）悬挑构件应层层设置支撑，待结构达到设计承载力要求时方可拆除。

（7）施工操作面应设置安全防护围栏或外架，严格按照施工规程执行。

（8）预制构件在施工中的允许误差除满足《装配式混凝土结构技术规程》（JGJ1—2014）有关规定外，尚应满足表3.23的要求。

表 3.23 预制构件在现场施工中的允许误差

项目	允许偏差/mm	项目	允许偏差/mm
预制墙板下现浇结构顶面标高	±2	预制墙板水平/竖向缝宽度	±2
预制墙板中心偏移	±2	阳台板进入墙体宽度	0,3
预制墙板垂直度（2 m靠尺）	L/1500且小于2	同一轴线相邻楼板/墙板高差	±3

(9)附着式塔吊水平支撑和外用电梯水平支撑与主体结构的连接方式应由施工单位确定专项方案,由设计单位审核。

5.验收

(1)装配式结构部分按照混凝土结构子分部工程进行验收。

(2)装配式结构子分部工程进行验收时,除应满足《装配式混凝土结构技术规程》(JGJ1—2014)有关规定外,尚应提供如下资料:提供预制构件的质量证明文件;饰面瓷砖与预制构件基面的黏结强度值。

3.3.2 装配式建筑平面布置图

以图 3.18 为例,讲解平面布置图的识读和构件的识读。从图 3.18 中可以看出,平面图中的现浇构件有剪力墙梁 LL1～LL6、次梁 L1～L4、后浇段 GHJ、AHJ、GBZ;预制构件有预制外墙模板 JM1～JM4、预制外墙 YWQ1～YWQ13、预制内墙 YNQ1～YNQ11。现浇构件的识读同现浇结构图纸,这里不再赘述。本书选取预制外墙模板 JM3、预制外墙 YWQ1、预制内墙 YNQ1 来讲述预制构件的识读。

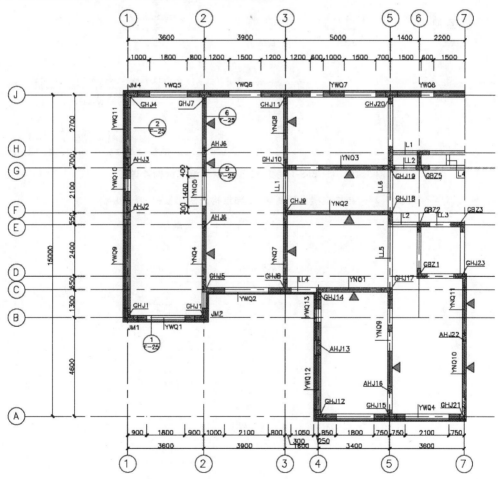

图 3.18　11.500～57.900 剪力墙平面布置图

　　从图 3.19 和表 3.24 结构层楼面标高表可以看出,该建筑分为地下 2 层、地上 21 层,
1～3 层为底层加强部位,地下 1 层～地上 4 层为构件边缘构件区域。上部结构的嵌固部
位为 -0.100 m,即 1 层地面处。剪力墙梁表见表 3.25,次梁表见表 3.26,预制外墙模板
表见表 3.27,预制墙板索引表见表 3.28。

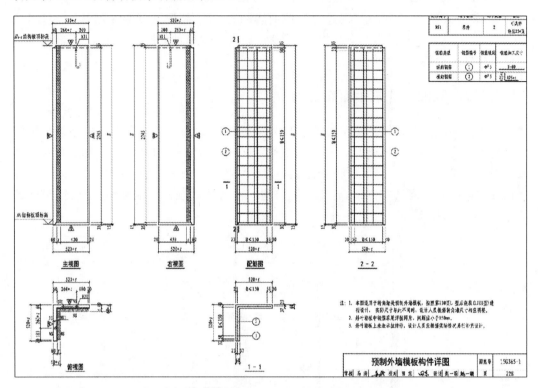

图 3.19　15G365-1 图集 22 页预制外墙模板构件详图

表 3.24　结构层楼面标高表(上部结构嵌固部位:-0.100 m)

层号	标高/m	层高/m	
屋顶 2	65.200		
屋顶 1	60.900	4.300	
……	……	……	
5	11.500	2.900	
4	8.600	2.900	约束边缘构件区域
3	5.700	2.900	
2	2.800	2.900	
1	-0.100	2.900	
-1	-2.750	2.650	
-2	-5.450	2.700	

（底部加强部位对应层号 3、2、1）

表 3.25 剪力墙梁表

编号	所在楼层号	梁顶相对标高高差/m	梁截面 $b \times h$/mm	上部纵筋	下部纵筋	箍筋
LL1	5～16	0.000	200×600	2C22	2C20	C12@100(2)
	17～20	0.000	200×600	2C18	2C18	C10@100(2)
……	……	……	……	……	……	……

表 3.26 次梁表

编号	所在楼层号	梁顶相对标高高差/m	梁截面 $b \times h$/mm	上部纵筋	下部纵筋	箍筋
L1	5～20	0.000	200×500	3C20	3C22	C12@100(2)
L2	5～20	0.000	200×400	2C20	2C20	C10@100(2)
L3	5～20	0.000	200×500	2C22	2C22	C8@100(2)
L4	5～20	0.000	150×400	2C14	2C14	C8@100(2)

表 3.27 预制外墙模板表

平面图中编号	所在层号	所在轴号	外叶墙板厚度/mm	构件重量/t	数量	构件详图页码（图号）
JM1	5～20	B/1	60	0.51	16	结施-10
JM2	5～20	B/2	60	0.81	16	结施-10
JM3	5～20	A/4	60	0.49	16	15G365-1,228
JM2	5～20	B/2	60	0.81	16	结施-10

表 3.28 预制墙板索引表

平面图中编号	适用构件	外叶墙板/mm	管线预埋/mm	所在层号	所在轴号	墙厚(内叶墙)/mm	构件重量/t	数量	构件详图页码（图号）
YWQ1	WQCA-3329-1817	wy-2 $a=20$ $b=20$ $c_L=140$ $d_L=150$	—	5～20	1-2/B	200	2.89	16	15G365-1, 142,143
YWQ2	WQM-3929-2123	wy-2 $a=500$ $b=290$ $c=3720$ $d=150$	中区 XR=130	5～20	2-3/C	200	3.02	16	15G365-1, 200,201
YWQ3	—	—	—	5～20	4-5/A	200	3.01	16	结施-24
YWQ7	—	—	—	5～20	3-5/J	200	6.27	16	结施-26 本图 F-17、F18

平面图中编号	适用构件	外叶墙板/mm	管线预埋/mm	所在层号	所在轴号	墙厚(内叶墙)/mm	构件重量/t	数量	构件详图页码(图号)
YNQ1	NQ-2729	—	—	5～20	4-5/C	200	3.70	16	15G365-2,30,31
YNQ2	—	—	—	5～20	3-5/F	200	3.47	16	结施-31
……	……	……	……	……	……	……	……	……	……

从表 3.27 中可以看出预制外墙模板 JM3 在平面中 A/4 轴处,模板厚度为 60 mm,重量为 0.49 t,具体尺寸和配筋详见《预制混凝土剪力墙外墙板》(15G365-1)中 228 页内容(图 3.19)。从图集中可以识读 JM3 的厚度为 60 mm,L 形两个边长均为 520 mm+t(t 为保温层厚度),模板高度为层高+15 mm;在预制模板的顶部 L 形边离边缘 200 mm 处各有一个预埋吊件,吊件的具体做法参考《预制混凝土剪力墙外墙板》(15G365-1)中 234 页,模板内采用单排焊接双向钢筋网片,钢筋的型号为冷轧带肋钢筋,直径为 5 mm,纵向钢筋为直线形钢筋,长度为层高－60 mm,横向钢筋为 L 形钢筋,每肢长度 475 mm+t,钢筋间距小于 150 mm。

由表 3.28 可知,YWQ1 选用《预制混凝土剪力墙外墙板》(15G365-1)中 142 页和 143 页的 WQCA-3329-1817 构件,即预制外墙的标志宽度是 3300 mm,高度是 2900 mm,窗的宽度是 1800 mm,高度是 1700 mm;外叶墙板采用 wy-2 型,$a=20$ mm,$b=20$ mm,$c_L=140$ mm,$d_L=150$ mm,该剪力墙在平面图中 1～2 轴交 B 轴处,内叶墙厚 200 mm,构件重量 2.89 t。由图集 142 页可知内外叶板的尺寸、厚度、预埋件的种类和位置,由图集 143 页可知内叶板的配筋、灌浆套筒的位置和型号,由图集 224 页可知外叶墙板配筋。

YNQ1 选用《预制混凝土剪力墙内墙板》(15G365-2)中的 NQ-2729 型内墙板,内墙的标志宽度是 2700 mm,高度是 2900 mm,墙厚度为 200 mm,重量为 3.7 t。可知内墙的尺寸、预埋件的位置、预埋线盒的位置和灌浆出孔和灌浆孔的位置,由图集 31 页可知内墙的配筋型号、数量、距离、位置、形状等,以及灌浆套筒的位置。

3.3.3 装配式建筑板平面图识读

以图 3.20 为例,介绍装配式建筑板平面图的识读。从图 3.20 可以看出建筑物为左右对称布置,1～7 轴与 7～13 轴对称,左侧为叠合板现浇层的配筋图,右侧为叠合板底板的预制板布置图,中间 5～9 轴/E～G 轴为现浇板,其余板为叠合板。现以 1～2 轴和 12～13 轴板为例讲解装配式建筑板的平面图识读。

由图 3.21 可以看出,1～2 轴/B～J 轴为叠合楼板 1(DLB1),其中 E～G 轴部分采用降板,该楼板标高比该楼层标高低 0.12 m,其余板的结构标高为该楼层的结构标高。该楼板上部现浇层部分只在板四周的支座处布置了负弯筋,B 轴和 J 轴处布置②号钢筋,为 C8@200,钢筋从两边伸出长度为 1000 mm;1 轴、2 轴/E～J 轴处布置了①号钢筋,为 C8@180,从梁边伸出长度为 1000 mm;1 轴其他区域板边布置了②号钢筋;2 轴其他区域板边布置了④号钢筋,为 C8@180,从梁边伸出长度为 1100 mm。

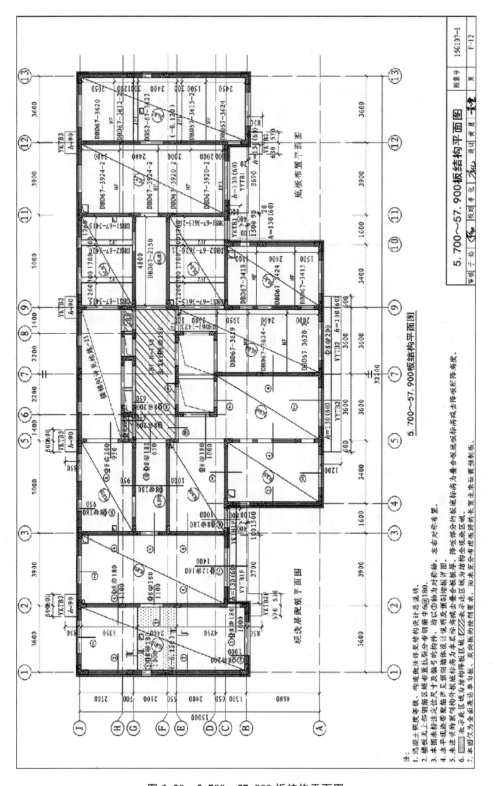

图 3.20　5.700～57.900 板结构平面图

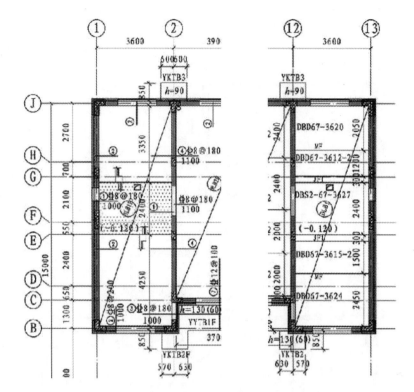

图 3.21 1～2 轴、12～13 轴板结构平面图

12～13 轴/B～J 轴为叠合楼板 1(DLB1),其中 E～G 轴部分采用降板,该楼板标高比该楼层标高低 0.12 m,其余板的结构标高为该楼层的结构标高。该板底板为预制板,预制板的信息详见表 3.29。DBD67-3620 为预制单向板,预制底板厚度为 60 mm,现浇叠合层厚度为 70 mm,标志跨度为 3600 mm,标志宽度为 2000 mm,实际跨度和宽度以及预留钢筋做法见图纸结施-60;DBD67-3612-2 为预制单向板,预制底板厚度为 60 mm,现浇叠合层厚度为 70 mm,预制底板的标志跨度为 3600 mm,预制底板的标志宽度为 1200 mm,底板跨度方向配筋为 C8@150,实际跨度和宽度以及预制板的具体做法见《桁架钢筋混凝土叠合板(60 mm 厚底板)》(15G366-1)的第 62 页;DBS2-67-3627 为预制叠合双向板的中间板,预制底板厚度 60 mm,现浇叠合层厚度为 70 mm,预制底板的标志跨度为 3600 mm,预制底板的标志宽度为 2700 mm,实际跨度和宽度以及预留钢筋做法见图纸结施-60;DBD67-3615-2、DBD67-3624 的识读同理,在此不再赘述。

表 3.29 叠合板预制底板表

叠合板编号	选用构件编号	所在楼层	构件重量/t	数量	构件详图页码	构件设计补充说明
	DBD67-3620	3～21	1.03	38	结施-60	有电盒
	DBD67-3612-2	3～21	0.62	38	15G366-1,62	无
DLB1	DBS2-67-3627	3～21	1.40	38	结施-60	有洞口
	DBD67-3615-2	3～21	0.77	38	15G366-1,63	无
	DBD67-3624	3～21	1.24	38	结施-60	有电盒

预制板之间的接缝采用湿连接做法,即在板与板之间的缝隙浇筑混凝土。DBD67-3620 与 DBD67-3612-2 之间、DBD67-3624 与 DBD67-3615-2 之间的连接为密缝 MF,DBD67-3612-2、DBD67-3615-2 与 DBS2-67-3627 之间的连接为接缝 JF1,具体信息见表3.30。MF 具体做法见《装配式混凝土结构连接节点构造(楼盖结构和楼梯)》(15G310-1)第 28 页 B6-1 节点图;JF1 具体做法见图集 F14 页 JF1 详图(图 3.22)。

表 3.30 接缝表

平面图中编号	所在楼层	节点详图页码(图号)
MF	3~21	15G310-1,28, B6-1 Asd 为 C8@200,附加通长构造筋为 C6@200
JF1	3~21	见 F14 详图

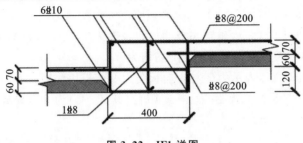

图 3.22 JF1 详图

3.3.4 装配式建筑水平后浇带识读

水平后浇带为预制剪力墙竖向连接的现浇混凝土带,见图 3.23,外墙后浇带为SHJD1,内墙后浇带为 SHJD2,5~9 轴和 J 轴剪力墙后浇带为 SHJD3,后浇带截面见预制构件节点详图。

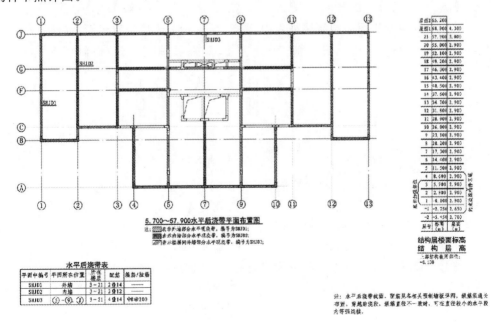

图 3.23 水平后浇带平面布置图

习 题

1. 填空题

(1)WQ-1828 表示的意思是:无洞口外墙,其( )为 1800 mm,( )为 2800 mm。

(2)当选择 wy-1 型外叶墙板时,内叶墙宽和高分别是 3000 mm 和 2800 mm,$a=500$ mm,$b=300$ mm,则外叶墙的宽为( )mm,高为( )mm。

(3)DBD67-3324-2 表示为单向板受力叠合板用底板,预制底板厚度为( )mm,现浇叠合层厚度为( )mm。

(4)预制墙板外露钢筋尺寸应标注至钢筋( ),保护层厚度应标注至箍筋( )。

(5)DBD67-3324-2 表示为单向板受力叠合板用底板,预制底板的标志跨度为( )mm,预制底板的标志宽度为( )mm,底板跨度方向配筋为( )。

(6)DBS1-67-3924-22,表示预制底板的标志跨度为( )mm,预制底板的标志宽度为( )mm,底板跨度方向、宽度方向配筋均为( )。

(7)DBS1-67-3924-22,表示为( )向板受力叠合板用底板,拼装位置为( )板。

(8)YTB-D-1024-08 表示预制叠合板式阳台,其( )为 800 mm;其( )为 1000 mm;其( )为 2400 mm。

(9)符号 DBS2-67-3924-22,表示的是( )向板受力叠合板用底板,拼装位置为( )板。

(10)KTB-84-130 表示预制空调板实际长度为( ),宽度为( )。

(11)NEQ-J1-3614 表示为夹心保温式女儿墙直板,其高度为( ),长度为( )。

2. 单选题

(1)装配式建筑施工图中,图 3.24 所示图例表示( )构件。

A. 现浇 B. 预制 C. 后浇 D. 抹灰层

(2)装配式建筑施工图的预制墙板表中,图 3.25 所示剪力墙位置表示为( )。

A. 2 轴/B 轴 B. B 轴/5 轴 C. 2-5 轴/B 轴 D. B 轴/2-5 轴

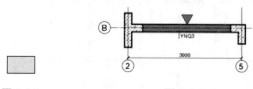

图 3.24   图 3.25

(3)WQC1-3028-1514 表示的意思是带一个窗洞的外墙,其( )为 1500 mm。

A. 墙宽 B. 墙高 C. 窗宽 D. 窗高

(4)WQM-3628-1823 表示的意思是外墙板,其( )为 2300 mm。

A. 门高 B. 门宽 C. 窗宽 D. 窗高

(5)符号 NQM2-3029-1022 表示的意思是有一个门洞在内墙( )处。

A. 左边 B. 右边 C. 中间 D. 离墙左边 1000 mm

(6)符号 ST-28-25,表示预制钢筋混凝土( )楼梯。

A. 折板式 B. 板式剪刀 C. 板式单跑 D. 板式双跑

(7)符号 ST-28-25,表示预制钢筋混凝土楼梯,其(　　)为 2800 mm。

A.层高　　　　　　　　　　　　B.楼梯长

C.梯板宽　　　　　　　　　　　D.楼梯间宽

(8)符号 ST-28-25,表示预制钢筋混凝土楼梯,(　　)为 2500 mm。

A.层高　　　　　　　　　　　　B.梯板宽

C.楼梯间净宽　　　　　　　　　D.梯板长

(9)编号 JT-28-26,表示预制钢筋混凝土(　　)楼梯。

A.折板式　　　　　　　　　　　B.板式剪刀

C.板式单跑　　　　　　　　　　D.板式双跑

(10)YTB-L-1224-4,表示该构件为预制(　　)阳台。

A.叠合板　　　　　　　　　　　B.全预制梁式

C.全预制板式　　　　　　　　　D.宽度、高度

(11)夹心保温式女儿墙直板,其高度为 1400 mm,长度为 3600 mm,用符号(　　)表示。

A. NEQ-J2-3614　　　　　　　　B. NEQ-Q1-3614

C. NEQ1-1436　　　　　　　　　D. NEQ-J1-3614

3.判断题

(1)KTB-84-130 表示预制空调板挑出长度为 84 cm,宽度为 130 cm。　　　　　(　　)

(2)如图 3.26 所示,平面图中无填充图案和颜色的构件为预制构件,如 LL1。(　　)

(3)如图 3.27 所示,1-2 轴/A-D 轴叠合板由 3 个预制板组成。　　　　　　　(　　)

(4)如图 3.25 所示,黑色三角形表示内墙的装配式方向。　　　　　　　　　　(　　)

(5)如图 3.26 所示,YWQ1、YWQ5L、JM1、GHJ1 都是预制构件。　　　　　　(　　)

(6)如图 3.27 所示的 1~2 轴/B~C 轴的叠合板,(-0.120)表示该板预制板底比楼层结构标高低 0.12m。　　　　　　　　　　　　　　　　　　　　　　　　　　(　　)

(7)如图 3.27 所示,1~2 轴间 A 轴外的阳台为现浇阳台。　　　　　　　　　(　　)

(8)如图 3.27 所示,1~2 轴间 A 轴外的阳台地面标高与该楼层的结构标高相同。

　　　　　　　　　　　　　　　　　　　　　　　　　　　　　　　　　　(　　)

(9)wy-1 型外叶墙板用于没有阳台的外墙板。　　　　　　　　　　　　　　　(　　)

(10)编号 DBD67-3324-2 中最后一个数字 2 表示的是叠合板上部现浇层的配筋。

　　　　　　　　　　　　　　　　　　　　　　　　　　　　　　　　　　(　　)

4.识图题

(1)根据图 3.26、图 3.27、图 3.28,说出图中有哪些构件,其中哪些构件是预制构件,哪些是现浇构件,哪些是后浇构件。

(2)根据图 3.27,说出图中有几种叠合板,每种叠合板由哪几个预制板组合而成,预制板之间采用什么形式进行连接,接缝的宽度分别是多少。

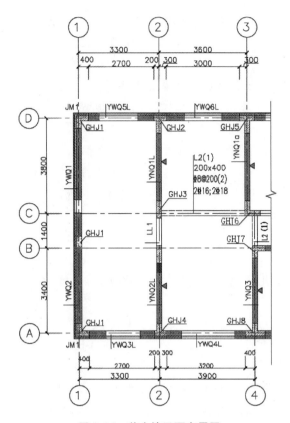

图 3.26　剪力墙平面布置图

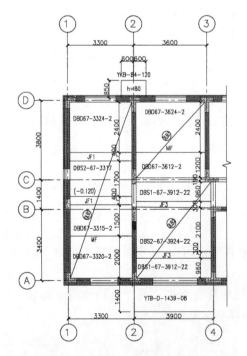

图 3.27　叠合板底板平面布置图

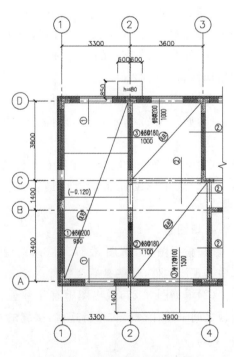

图 3.28　现浇层配筋平面布置图

4 装配式建筑预制构件制作与储运

装配式建筑预制构件(简称 PC 构件)的制作是在工厂内完成的,相关要求包括原材料和构配件质量要求、构件生产工艺流程、构件质量要求、构件储存和运输要求等。

4.1 预制构件生产线类型

预制构件是装配式建筑的基础组件,其质量和产量直接影响建筑工业化的进程。预制构件生产装备直接决定了预制构件的成本和质量,采用现代化、机械化的生产线可以减少工人劳动强度,提高产品质量和生产效率。经过多年的发展,目前已经形成固定模台、立模、预应力、流水线、压力成型等工艺的生产线。

4.1.1 固定模台工艺

固定模台工艺是 PC 构件制作应用最广泛的工艺。固定模台可以是一块平整度较高的钢平台,也可以是平整度较高的高强度水泥基材料平台。固定模台作为 PC 构件的底模,在模台上固定构件侧模,组合成完整的模具。固定模台工艺的特点是模台固定不动,在一个位置上完成构件生产的各道工序。这种工艺一般采用振动成型、热模养护。当构件达到起吊强度时脱模,也可借助专用机械使模板倾斜,然后用吊车将构件脱模。该工艺具有适用性好、管理简单、设备成本低等特点,但机械化程度较低,消耗人工较多,生产效率低。

4.1.2 立模工艺

立模工艺是指模板垂直于地面并具有多种功能的组合模板生产工艺。模板是箱体,腔内可通入蒸汽,侧模装有振动设备。从模板上方分层浇筑混凝土后,可分层振动成型。与平模工艺相比,立模工艺可节约生产空间,提高生产效率,而且构件的两个表面同样平整,通常用于生产外形比较简单而又要求两面平整的构件,如内墙板、楼梯段等。其缺点是受制于构件形状,通用性较差。立模通常成组组合使用,称为组立模,可同时生产多个构件。每块立模均装有行走轮,能以上悬或下支方式做水平移动,以满足拆模、清模、布筋、支模等工序的操作需要。

4.1.3 预应力工艺

预应力工艺（也称长线台模工艺）是 PC 构件固定生产方式的一种。台座一般长
100～180 m，用混凝土或钢筋混凝土灌注而成，台座两端是钢筋张拉设备和固定端。在台
座上，按构件的种类和规格现支模板进行构件的单层或叠层生产，适用于制作大跨度预应
力混凝土楼板、预应力叠合楼板或预应力空心楼板。预应力工艺具有投资少、设备简单、
生产效率高等优点。

4.1.4 流水线工艺

流水线工艺的特点是：模台是移动的，人员是固定的，在移动中完成构件制作的各道
工序。按照模台移动方式的不同，流水线工艺分为平模传送流水线工艺和平模机组流水
线工艺。

1. 平模传送流水线工艺

平模传送流水线工艺是将模台（也称移动台模或托盘）放置在滚轴或轨道上，在生产
线上按工艺要求一次设置若干操作工位。模台下装有行走轮，可在轨道上移动，在沿生产
线行走过程中完成各道工序，然后将成型的构件连同台模送进养护窑养护。这种工艺机
械化程度高，生产效率高，可连续循环作业，便于实现自动化生产。根据自动化程度的不
同，平模传送流水线工艺可分为手控、半自动、全自动三种类型的流水线。该工艺适于生
产较大型的板类构件，如大楼板、内外墙板等。

2. 平模机组流水线工艺

平模机组流水线工艺生产线一般建在厂房内，适合生产板类构件，如民用建筑的楼
板、墙板、阳台板，工业建筑的屋面板等。在模内布置钢筋后，用吊车将模板吊至指定工
位，用浇灌机往模板内浇筑混凝土，经振动成型后，再用吊车将模板连同成型的构件送至
养护窑养护。这种工艺的特点是主要机械设备相对固定，模板借助吊车移动，在移动过程
中完成构件的生产。

4.1.5 压力成型工艺

压力成型工艺是预制混凝土构件生产工艺的新发展趋势，其特点是不用振动成型，可
以消除噪声。混凝土浇入钢模后，采用滚压机碾实，然后进入养护窑养护。

4.2 预制构件生产准备工作

预制构件在生产之前，需要做好各项准备工作，以保证构件生产顺利进行。准备工作
包括技术准备工作、原材料准备工作和人员设备的准备工作等。

4.2.1 技术准备工作

在生产构件之前,需要对图纸进行深入分析识读,如果图纸设计深度不够,还需要对图纸进行深化设计;制定好各环节的规章制度,保证生产质量;做好每种构件的生产计划和生产方案。具体技术准备工作包括如下各项。

(1)生产单位应具备保证产品质量要求的生产工艺设施、试验检测条件,建立完善的质量管理体系和制度,并宜建立质量可追溯的信息化管理系统。

(2)预制构件生产前,应由建设单位组织设计、生产、施工单位进行设计文件交底和会审。必要时,应根据批准的设计文件、拟定的生产工艺、运输方案、吊装方案等编制加工详图。

(3)预制构件生产前应编制生产方案,生产方案宜包括生产计划及生产工艺、模具方案及计划、技术质量控制措施、成品存放、运输和保护方案等。

(4)生产单位的检测、试验、张拉、计量等设备及仪器仪表均应检定合格,并应在有效期内使用。不具备试验能力的检验项目,应委托第三方检测机构进行试验。

(5)预制构件生产宜建立首件验收制度。

(6)预制构件的原材料质量,钢筋加工和连接的力学性能,混凝土强度,构件结构性能,装饰材料、保温材料及拉结件的质量等均应根据国家现行有关标准进行检查和检验,并应具有生产操作规程和质量检验记录。

(7)预制构件生产的质量检验应按模具、钢筋、混凝土、预应力、预制构件等检验项目进行。预制构件的质量评定应根据钢筋、混凝土、预应力、预制构件的试验、检验资料等项目进行。当上述各检验项目的质量均合格时,方可评定为合格产品。

(8)预制构件和部品生产中采用新技术、新工艺、新材料、新设备时,生产单位应制定专门的生产方案;必要时进行样品试制,经检验合格后方可实施。

(9)预制构件和部品经检查合格后,宜设置表面标识。预制构件和部品出厂时,应出具质量证明文件。

4.2.2 原材料准备工作

原材料及配件的质量决定了产品质量,生产之前需要对原材料的质量进行检查验收,合格后方可用于构件生产。

(1)原材料及配件应按照国家现行有关标准、设计文件及合同约定进行进厂检验。检验批划分应符合下列规定。

①预制构件生产单位将采购的同一厂家同批次材料、配件及半成品用于生产不同工程的预制构件时,可统一划分检验批。

②获得认证的或来源稳定且连续三批均一次检验合格的原材料及配件,进场检验时检验批的容量可按相关标准的有关规定扩大一倍,且检验批容量仅可扩大一倍。扩大检验批后的检验中,出现不合格情况时,应按扩大前的检验批容量重新验收,且该种原材料或配件不得再次扩大检验批容量。

（2）钢筋进厂时,应全数检查外观质量,并应按国家现行有关标准的规定抽取试件做屈服强度、抗拉强度、伸长率、弯曲性能和重量偏差检验,检验结果应符合相关标准的规定,检查数量应按进厂批次和产品的抽样检验方案确定。

（3）成型钢筋进厂检验应符合下列规定。

①同一厂家、同一类型且同一钢筋来源的成型钢筋,不超过 30 t 为一批,每批中每种钢筋牌号、规格均应至少抽取 1 个钢筋试件,总数不应少于 3 个,进行屈服强度、抗拉强度、伸长率、外观质量、尺寸偏差和重量偏差检验,检验结果应符合国家现行有关标准的规定。

②对由热轧钢筋组成的成型钢筋,当有企业或监理单位的代表驻厂监督加工过程并能提供原材料力学性能检验报告时,可仅进行重量偏差检验。

（4）预应力筋进厂时,应全数检查外观质量,并应按国家现行相关标准的规定抽取试件做抗拉强度、伸长率检验,其检验结果应符合相关标准的规定,检查数量应按进厂的批次和产品的抽样检验方案确定。

（5）预应力筋锚具、夹具和连接器进厂检验应符合下列规定。

①同一厂家、同一型号、同一规格且同一批号的锚具不超过 2000 套为一批,夹具和连接器不超过 500 套为一批。

②每批随机抽取 2% 的锚具（夹具或连接器）且不少于 10 套进行外观质量和尺寸偏差检验,每批随机抽取 3% 的锚具（夹具或连接器）且不少于 5 套对有硬度要求的零件进行硬度检验,经上述两项检验合格后,应从同批锚具中随机抽取 6 套锚具（夹具或连接器）组成 3 个预应力锚具组装件,进行静载锚固性能试验。

③对于锚具用量较少的一般工程,如锚具供应商提供了有效的锚具静载锚固性能试验合格的证明文件,可仅进行外观检查和硬度检验。

④检验结果应符合现行行业标准《预应力筋用锚具、夹具和连接器应用技术规程》（JGJ 85—2010）的有关规定。

（6）水泥进厂检验应符合下列规定。

①同一厂家、同一品种、同一代号、同一强度等级且连续进厂的硅酸盐水泥,袋装水泥不超过 200 t 为一批,散装水泥不超过 500 t 为一批;按批抽取试样进行水泥强度、安定性和凝结时间检验,设计有其他要求时,尚应对相应的性能进行试验,检验结果应符合现行国家标准《通用硅酸盐水泥》（GB 175—2007）的有关规定。

②同一厂家、同一强度等级、同白度且连续进厂的白色硅酸盐水泥,不超过 50 t 为一批;按批抽取试样进行水泥强度、安定性和凝结时间检验,设计有其他要求时,尚应对相应的性能进行试验,检验结果应符合现行国家标准《白色硅酸盐水泥》（GB/T 2015—2017）的有关规定。

（7）矿物掺合料进厂检验应符合下列规定。

①同一厂家、同一品种、同一技术指标的矿物掺合料,粉煤灰和粒化高炉矿渣粉不超过 200 t 为一批,硅灰不超过 30 t 为一批。

②按批抽取试样进行细度（比表面积）、需水量比（流动度比）和烧失量（活性指数）试验;设计有其他要求时,尚应对相应的性能进行试验;检验结果应分别符合现行国家标准《用于水泥和混凝土中的粉煤灰》（GB/T 1596—2017）、《用于水泥、砂浆和混凝土中的粒

化高炉矿渣粉》(GB/T 18046—2017)和《砂浆和混凝土用硅灰》(GB/T 27690—2023)的有关规定。

(8)减水剂进厂检验应符合下列规定。

①同一厂家、同一品种的减水剂,掺量大于1%（含1%)产品不超过100 t为一批,掺量小于1%的产品不超过50 t为一批。

②按批抽取试样进行减水率、1 d抗压强度比、固体含量、含水率、pH值和密度试验。

③检验结果应符合国家现行标准《混凝土外加剂》(GB 8076—2008)、《混凝土外加剂应用技术规范》(GB 50119—2013)和《聚羧酸系高性能减水剂》(JG/T 223—2017)的有关规定。

(9)骨料进厂检验应符合下列规定。

①同一厂家(产地)且同一规格的骨料,不超过400 m³或600 t为一批。

②天然细骨料按批抽取试样进行颗粒级配、细度模数、含泥量和泥块含量试验;机制砂和混合砂应进行石粉含量(含亚甲蓝)试验;再生细骨料还应进行微粉含量、再生胶砂需水量比和表观密度试验。

③天然粗骨料按批抽取试样进行颗粒级配、含泥量、泥块含量和针片状颗粒含量试验,压碎指标可根据工程需要进行检验;再生粗骨料应增加微粉含量、吸水率、压碎指标和表观密度试验。

④检验结果应符合国家现行标准《普通混凝土用砂、石质量及检验方法标准》(JGJ 52—2006)、《混凝土用再生粗骨料》(GB/T 25177—2010)、《混凝土和砂浆用再生细骨料》(GB/T 25176—2010)的有关规定。

(10)轻集料进厂检验应符合下列规定。

①同一类别、同一规格且同密度等级,不超过200 m³为一批。

②轻细集料按批抽取试样进行细度模数和堆积密度试验,高强轻细集料还应进行强度标号试验。

③轻粗集料按批抽取试样进行颗粒级配、堆积密度、粒形系数、筒压强度和吸水率试验,高强轻粗集料还应进行强度标号试验。

④检验结果应符合现行国家标准《轻集料及其试验方法　第1部分:轻集料》(GB/T 17431.1—2010)的有关规定。

(11)混凝土拌制及养护用水应符合现行行业标准《混凝土用水标准》(JGJ 63—2016)的有关规定,并应符合下列规定。

①采用饮用水时,可不检验。

②采用中水、搅拌站清洗水或回收水时,应对其成分进行检验,同一水源每年至少检验一次。

(12)钢纤维和有机合成纤维应符合设计要求,进厂检验应符合下列规定。

①用于同一工程的相同品种且相同规格的钢纤维,不超过20 t为一批,按批抽取试样进行抗拉强度、弯折性能、尺寸偏差和杂质含量试验。

②用于同一工程的相同品种且相同规格的合成纤维,不超过50 t为一批,按批抽取试样进行纤维抗拉强度、初始模量、断裂伸长率、耐碱性能、分散性相对误差和混凝土抗压强

度比试验,增韧纤维还应进行韧性指数和抗冲击次数比试验。

③检验结果应符合现行行业标准《纤维混凝土应用技术规程》(JGJ/T 221—2010)的有关规定。

(13)脱模剂应符合下列规定。

①脱模剂应无毒、无刺激性气味,不应影响混凝土性能和预制构件表面装饰效果。

②脱模剂应按照使用品种,选用前及正常使用后每年进行一次匀质性和施工性能试验。

③检验结果应符合现行行业标准《混凝土制品用脱模剂》(JC/T 949—2021)的有关规定。

(14)保温材料进厂检验应符合下列规定。

①同一厂家、同一品种且同一规格,不超过 5000 m² 为一批。

②按批抽取试样进行导热系数、密度、压缩强度、吸水率和燃烧性能试验。

③检验结果应符合设计要求和国家现行相关标准的有关规定。

(15)预埋吊件进厂检验应符合下列规定。

①同一厂家、同一类别、同一规格的预埋吊件,不超过 10000 件为一批。

②按批抽取试样进行外观尺寸、材料性能、抗拉拔性能等试验。

③检验结果应符合设计要求。

(16)内、外叶墙体拉结件进厂检验应符合下列规定。

①同一厂家、同一类别、同一规格产品,不超过 10000 件为一批。

②按批抽取试样进行外观尺寸、材料性能、力学性能检验,检验结果应符合设计要求。

(17)灌浆套筒和灌浆料进厂检验应符合现行行业标准《钢筋套筒灌浆连接应用技术规程》(JGJ 355—2015)的有关规定。

(18)钢筋浆锚连接用镀锌金属波纹管进厂检验应符合下列规定。

①应全数检查外观质量,其外观应清洁,内外表面应无锈蚀、油污、附着物、孔洞,不应有不规则褶皱,咬口应无开裂、脱扣。

②应进行径向刚度和抗渗漏性能检验,检查数量应按进场的批次和产品的抽样检验方案确定。

③检验结果应符合现行行业标准《预应力混凝土用金属波纹管》(JG/T 225—2020)的规定。

4.3 预制保温外墙板生产

4.3.1 预制保温外墙板生产工艺流程

预制保温外墙板采用流水线工艺生产,其生产工艺流程如图 4.1 所示。

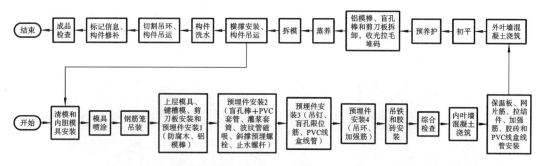

图 4.1 预制保温外墙板生产工艺流程

4.3.2 预制保温外墙板生产主要操作步骤及要求

1.清理模具、模台

（1）操作方法：用铲刀将模具、模台、工装表面黏结的混凝土铲掉，如果累积的白灰较多则用打磨机打磨；用扫帚将铲掉的混凝土块扫除；清理工作结束后，做好整理归位及清洁工作，无乱摆、乱放现象，做到工完场清。具体见图 4.2。

4.1 清理模具
模台视频

图 4.2 清理模具、模台

（2）要求：模具内表面干净光滑，无混凝土残渣；钢筋出孔位及所有拼缝活动处无残留混凝土、无黏模白灰；洗水面板无残留松动混凝土。

2.喷洒脱模剂、缓凝剂

（1）操作方法：将脱模油以雾状的形式喷到模具或者模台表面后，用拖把或抹布擦拭均匀，直到模台上附着一层油膜；设计为粗糙面的位

4.2 喷洒脱模剂、
缓凝剂视频

置需要涂刷缓凝剂,用毛刷将缓凝剂均匀涂刷到对应位置,注意垂直面缓凝剂和水平面缓凝剂分开使用;若所安装的模具为新模,需提前在洗水面板处刷上一层水泥浆,增加缓凝剂黏附性。具体见图4.3。

图 4.3 喷洒脱模剂、缓凝剂

(2)要求:模台面脱模油均匀,无杂物;缓凝剂涂刷均匀,未流至模台面;缓凝剂涂刷位置正确,涂刷尺寸符合图纸要求。

3.模具安装及钢筋笼入模

(1)操作方法:外墙边缘模具固定好后,将门窗内胆安装在指定位置,用螺杆或者磁铁盒将其固定;所有模具安装完成后,检查模具连接处是否有缝隙,有缝隙处打玻璃胶密封;将成型的钢筋笼吊入模具内,放置好钢筋笼位置。具体见图4.4。

(2)要求:模具拼缝处不能漏光,螺丝无松动、无遗漏,拼缝接口处平整、无明显缝隙;钢筋笼四周和底部保护层厚度符合保护层设计要求;螺纹接头和半灌浆套筒连接接头应使用专用扭力扳手拧紧至规定扭力值。

4.3 预制外墙模具安装视频

4.4 预制外墙钢筋笼安装视频

4.预埋件安装

(1)操作方法:检查需要安放的预埋件,如有变形、损坏现象,则禁止使用;若预埋件后期需要从构件取出,则要提前将预埋件涂抹脱模油和黄油;预埋件安放符合图纸要求,需将多余的铝模孔和爬架孔等用玻璃胶堵实,以防漏浆;灌浆套筒的预埋检查作为一个重点检查,波纹管安装位置需排布成一条线,且离底部边板距离不少于50 mm,若出浆孔在模

图 4.4　模具安装及钢筋笼入模

台面,固定波纹管的磁铁吸盘需涂抹黄油,方便起模;线盒线管安装时应将接头处刷上胶水,线盒里堵上海绵和胶带纸,以防漏浆,线管弯折处将弯折角度尽量放缓,方便后期穿电线。具体见图 4.5。

4.5　预制外墙
预埋件安
装视频

图 4.5　预埋件安装

（2）要求：预埋件无变形、损坏现象，严禁私自弯曲、切断或更改已经绑扎好的钢筋笼；套筒波纹管出口与模台面垂直；灯线盒位置准确，线管弯曲半径符合规范要求。

5. 保温拉结件安装及钢筋笼调整

（1）操作方法：按照图纸规格和位置绑扎保温连接件底层，并按照正确的绑扎方式将保温连接件固定；按照图纸要求垫好保护层胶砖，调整好外伸钢筋长度，绑扎好吊环与吊顶附加铁，并检查是否有漏筋现象；用气管吹净模具内灰尘，并将多余扎丝头从模具内清除。具体见图4.6。

4.6 不锈钢平板连接安装视频

图4.6 保温拉结件安装及钢筋笼调整

（2）要求：保温拉结件型号规格和位置与图纸保持一致，穿插钢筋位置正确；钢筋笼放入模具后四周和底部保护层厚度符合保护层设计要求。

6. 内叶板混凝土浇筑

（1）操作方法：搅拌站做好开盘记录，并安排施工员检查混凝土坍落度是否符合要求，过大或过小均不允许使用；布料机操作工将混凝土均匀浇筑于模具中，在混凝土基本达到构件厚度要求时停止下料；布料机操作工打开振动台，进行振动；振动时间约30 s，振动频率50 Hz，振捣均匀后停止振捣；浇筑时要注意控制尾料，避免混凝土不够或者偏多，后续模台跟不上浇筑节奏等带来的影响。具体见图4.7。

4.7 预制外墙混凝土赶平

（2）要求：提前写好混凝土浇筑申请单（不占用流水节拍），各构件所需混凝土标号要准确，不能混搭；布料均匀，振捣完全后，混凝土上表面与侧模上沿需保持在同一个平面，不允许高于或低于侧模上沿；混凝土倾落高度不宜大于600 mm，并应均匀摊铺；混凝土浇筑应连续进行；混凝土从出机到浇筑完毕的延续时间，气温高于25 ℃时，不宜超过

图 4.7　内叶板混凝土浇筑

60 min,气温不高于 25 ℃时不宜超过 90 min。

7. 保温板、拉结件安装

（1）操作方法:在第一次混凝土振捣完成后从左往右拼装保温板,拼装时保温板紧挨模具边,相邻保温板拼接时无缝隙;保温板安装完成后使用玻璃胶和牛皮胶带等将工装件孔洞密封,以防漏浆;保温板长度需使用与模具高度相同的模数,并提前预裁,将工装件预留孔按照图纸尺寸预裁,并将模板编号（图 4.8）。在保温板安装完毕

4.8　预制外墙保温板安装视频

后,下层混凝土初凝前将保温拉结件穿过保温板插入下层混凝土中,并使拉结件上的压盖压紧保温板。

图 4.8　保温板安装

（2）要求:连接件与孔之间的空隙使用玻璃胶封堵严实;挤塑板铺装完成后无凹凸不平的地方;保温板铺装完成后,要使用橡胶锤敲打,增强其与混凝土之间的黏结力。

8. 外叶板钢筋网片安装

（1）操作方法:将保温拉结件面层弯曲钢筋穿插在相应位置;将对应的钢筋网片放置在外叶板内,避开机电预埋,若预埋件孔洞较大,需在洞口附近增加加强钢筋;将保温连接件穿插钢筋放置于相应位置,将其用扎丝固定,将针式连接件安插在相应位置,并将网片垫上胶砖。具体见图 4.9。

4.9　预制外墙外叶板钢筋网片安装视频

（2）要求:安装过程中应避免碰到防腐木砖及连接件;钢筋骨架安放按照图纸的指定位置,侧模的保护层符合图纸要求,外露钢筋数量、尺寸符合图纸要求。

图 4.9 外叶板钢筋网片安装

9.外叶板混凝土浇筑

（1）操作方法：搅拌站做好开盘记录，并安排施工员检查混凝土坍落度是否符合要求，过大或过小均不允许使用；布料机操作工将混凝土均匀浇筑于模具中，在混凝土基本达到构件厚度要求时停止下料；布料机操作工打开振动台，进行振动。振动时间约 30 s，振动频率 50 Hz，振捣均匀后停止振捣；浇筑时要注意控制尾料，避免混凝土不够或者偏多，后续模台跟不上浇筑节奏等带来的影响。

（2）要求：布料均匀，振捣完全后，混凝土上表面与侧模上沿需保持在同一个平面，不高于或低于侧模上沿；振动均匀，混凝土内无残留气泡。

10.初平及模台清理

（1）操作方法：浇筑完成后将模台运行至初平工位，先用测量工具测量混凝土厚度，无误后人工用塑料抹子或者木抹子拍压混凝土表面石子，将石子拍压下去，直至表面出混凝土浆；使用铝合金水平靠尺以模具底边和窗内胆边作为参考点进行初平；将模具剪刀板处漏出的混凝土浆用高压水枪冲洗干净，并清理掉模台面上的混凝土和泥浆，用拖把将模台面上剩余的水渍拖干净，以免模台在蒸养过程中生锈；冲洗结束后需将场地清理干净，并将沉淀池内的水泥渣清理完，以免泥浆流入排水沟。

（2）要求：混凝土面不高于模具地板和窗内胆上沿，表面基本平整，无外漏石子，无凹凸现象。

11.混凝土预养护

（1）操作方法：构件初平作业完成后，通知预养护窑操作工，打开预养护窑将构件连同模台一起放入；在构件预养时间达到 2～6 h 后（以当日气温等因素决定具体时间），将其放出预养护窑，进行收光作业；要控制好构件进入预养护窑的时间节拍，可将干湿程度不同的构件分两列入窑。

（2）要求：冬季养护温度在 20～40 ℃，需 2～2.5 h，春秋季 0.5～1 h，夏季天气炎热时可不进行预养护；每隔 0.5 h 观察一次混凝土凝固程度；构件出窑后达到进行收光作业的要求。

12. 收光、拉毛、拆卸铝模棒

（1）操作方法：用铁抹子搓压混凝土表面，反复 2～3 次，直到达到拉毛条件，并清理掉模具边和窗内胆边的混凝土；当混凝土凝固到表面无明显水渍时，利用适当宽度的工业刷或者猪毛刷均匀拉毛处理，拉毛时需注意线条的连贯性和笔直度；拉毛完成后需拆除产品内工装件，工装件拆除过程中需将圆形棒体在孔洞中来回套弄一次，以保证孔洞的圆形完整；当所有程序完成后用塑料薄膜将产品覆盖保湿。

4.10　预制外墙混凝土收光拉毛施工视频

（2）要求：混凝土收光面的抹平工作应在水泥初凝前完成；混凝土收光面不应有裂纹、脱皮、麻面、起砂等缺陷。

13. 混凝土养护

（1）操作方法：检查堆码机各部件功能是否正常，将收光完成后的构件连同模台驶入堆码机进窑通道，启动堆码机入库程序，从下而上依次堆放模台，并做好编号记录；当日所有构件都进入养护窑各库后，通知锅炉工进行蒸汽作业，输送蒸汽。

（2）要求：堆垛动作在 15 min 之内完成，冬天蒸养需要 6 h，夏天自然养护 12 h，具体时间根据班次安排，夏天两班次则蒸养 4～5 h；随时观察每个养护单元内的温度、湿度情况，及时作出调整。

混凝土养护应根据预制构件特点和生产任务量选择自然养护、自然养护加养护剂或加热养护方式。混凝土浇筑完毕或压面工序完成后应及时覆盖保湿，脱模前不得揭开；涂刷养护剂应在混凝土终凝后进行。预制构件厂一般采用蒸汽养护，控制好构件养护静停、升温、恒温、降温时间段，加热养护制度应通过试验确定，宜采用加热养护温度自动控制装置。宜在常温下预养护 2～6 h，然后将构件连同模台一起放入养护窑内，升、降温速度不宜超过 20 ℃/h，最高养护温度不宜超过 70 ℃，预制构件脱模时的表面温度与环境温度的差值不宜超过 25 ℃。

14. 拆模

（1）操作方法：拆模之前需做同条件试块的抗压试验，或者强度回弹试验，构件强度达到设计强度 75% 且 15 MPa 以上，方可拆模；以"先装后拆、后装先拆"的原则拆卸模具，先拆除侧边模具，再拆除顶部模具，最后拆除套筒塞；门洞位置安装横撑，防止构件吊装开裂变形；在构件吊离模台后，模台连同拆卸下来的模具通过流水线转到清模打油工位。

4.11　预制外墙拆模视频

（2）要求：模具以及套筒吸盘，压杆全部拆卸到位，构件与模台无连接；减少模具拆卸过程中对模具的敲打、损伤；拆模前构件强度达到设计强度 75% 且 15 MPa 以上，方可拆模；拆模后构件完好，模具无变形。

15. 转运、洗水、验收、入库

（1）操作方法：冲洗构件粗糙面时，水枪与洗水粗糙面距离不得小于 1.5 m；灌浆套筒和波纹管内部必须冲洗干净,确保灌浆套筒和波纹管内无混凝土堵塞;在产品转运时需将产品表面的水泥浆冲洗干净;冲洗结束后清除洗水房地面混凝土,做到工完场清;构件表面缺陷应及时修补,通过验收后粘贴标识入库存放。

(2)要求:粗糙面完全露出,粗骨料露出表面不少于 6 mm;洗水完成后的墙板表面无混凝土残渣。

4.4 预制叠合板生产流程及要求

4.4.1 预制叠合板生产工艺流程

在流水线生产方式下,预制叠合板生产工艺流程如图 4.10 所示。

4.12 叠合板工艺动画

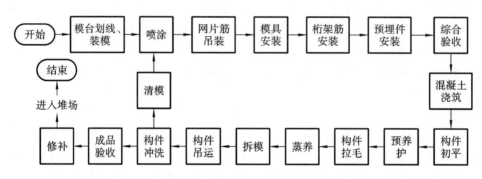

图 4.10 叠合板生产工艺流程

4.4.2 预制叠合板生产主要操作步骤及要求

预制叠合板生产与预制保温外墙板生产的有些步骤操作方法和要求相同,这里不再赘述,不同之处有安装钢筋网片、预埋件,浇筑混凝土,粗糙面制作,构件脱模,起吊、水洗。

1. 安装钢筋网片、预埋件

(1)操作步骤:钢筋网片、钢筋骨架宜采用自动化机械设备加工,制作后按照钢筋网片类型分区放置,需要使用桁车吊运对应型号的网片筋到网片筋安装工位(图 4.11)。

4.13 叠合板钢筋网片安装视频

①调整钢筋网片方位、位置,将钢筋嵌入模具卡槽内固定,调整预留钢筋外露尺寸。混凝土保护层厚度用胶砖控制,在钢筋下面按梅花状布置胶砖,胶砖数量不少于 4 个/m^2。

②安装桁架筋。桁架筋预先焊制成型,将桁架筋放置在钢筋网片上部,调整桁架筋到设计位置,将桁架筋与钢筋网片用扎丝绑扎牢固。

③安装吊点加强筋。将吊点加强筋放置在桁架筋下弦筋上部,每个吊点两侧分别放

(a) 安装钢筋

(b) 安装预埋件

图 4.11 安装钢筋、预埋件

置一根,用扎丝将吊点加强筋绑扎牢固,用自喷漆标记桁架筋上的吊点位置。

④线盒安装。用八角锤敲弯定位块上方范围内钢筋,使其弯曲至定位块范围之外;将线盒放置到模具中金属/PVC 线盒定位块上,定位块与金属/PVC 线盒口相吻合;将加固筋放置到金属/PVC 线盒正上方,用扎丝进行绑扎固定。

⑤洞口预埋件安装。较大的洞口处,需要将钢筋网片的钢筋沿着洞口边剪断,在洞口四周绑扎洞口加强筋,然后安装洞口预埋件。

(2)要求:钢筋网片和钢筋骨架宜采用专用吊架进行吊运。钢筋保护层垫块宜与钢筋骨架或网片绑扎牢固,按梅花状布置,间距满足钢筋限位及控制变形要求,钢筋绑扎丝甩扣应弯向构件内侧。

2. 混凝土浇筑

(1)操作步骤:将角钢放置在桁架筋上方,避免浇筑混凝土时污染桁架筋;操作自动布料机第一次浇筑混凝土;启动振动台将混凝土振捣密实,同时检查混凝土浇筑情况,在混凝土未浇筑到设计标高处二次浇筑混凝土并同时启动振动台,用铁锹摊铺混凝土,清理预埋件模具上遗留的混凝土,检查混凝土浇筑厚度和平整度,达到要求后取下角钢,清理角钢表面的混凝土浮渣。

4.14 叠合板生产流程动画

用木抹子抹平混凝土保证混凝土表面良好的平整度,将构件表面外露的石子拍入混凝土中,并且用扫把扫除浮浆里面的气泡,避免混凝土浮浆内产生气孔(图 4.12)。

(2)要求:混凝土浇筑前,预埋件及预留钢筋的外露部分宜采取防止污染的措施。

3. 粗糙面制作

(1)操作步骤:采用拉毛刷分别从叠合板两侧沿着桁架筋方向拖动拉毛刷匀速移动,均匀拉毛,拉毛痕迹保持一致(图 4.13)。

(2)要求:叠合面粗糙面可在混凝土初凝前进行拉毛处理。

4. 构件脱模

(1)操作步骤:用气动扳手,顺时针依次拆卸模具上的螺栓(包含传料孔、放线孔、遮蔽盖、地泵孔);用撬棍拆卸模具、传料孔、放线孔、遮蔽盖、地泵孔。

(2)要求:预制构件脱模起吊时的混凝土强度应计算确定,且不宜小于 15 MPa;预制构件脱模应严格按照顺序拆除模具,不得使用振动方式拆模;预制构件与模具之间的连接

(a) 浇筑混凝土　　　　　　　　　　　(b) 混凝土浇筑抹平后

图 4.12　混凝土浇筑、抹平

图 4.13　混凝土拉毛

部分完全拆除后方可进行脱模。

5. 起吊、水洗

（1）操作步骤：操作桁车吊钩，钩住桁架筋吊点处，将叠合板吊起20 cm，用八角锤和錾子拆卸磁吸底座；操作桁吊上升到 2.5 m 左右位置，将构件匀速移动至冲洗区；用高压水枪冲洗叠合板的粗糙面，检查构件上表面是否有裂纹产生。

（2）要求：粗骨料露出表面不少于 4 mm，冲洗掉混凝土泥浆（图4.14）。

4.15　叠合板生产流程（流水线）

图 4.14　混凝土粗糙面冲洗

4.5 预制楼梯生产主要操作步骤及要求

4.5.1 预制楼梯生产工艺流程

预制楼梯采用固定模台生产工艺,其工艺流程如图 4.15 所示。

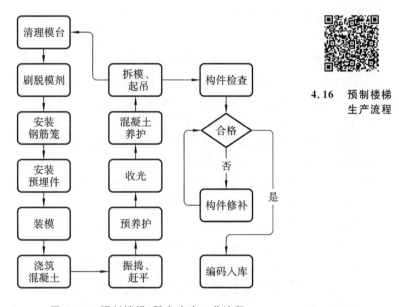

4.16 预制楼梯
生产流程

图 4.15 预制楼梯、阳台生产工艺流程

4.5.2 预制楼梯生产操作要求

预制楼梯生产操作要求与前面预制构件生产操作要求相同之处就不再赘述,针对预制楼梯生产操作应注意以下几个方面。

(1)预制楼梯采用立式生产,混凝土浇筑采用分层分次浇筑振捣,应控制振捣频率和时长,保证混凝土质量均匀密实。振捣过程中,振捣棒不能碰到钢筋和预埋件。

(2)立式生产时应先安装钢筋笼,然后装模,再浇筑混凝土。

(3)预制楼梯采用水平重叠存放,叠放高度根据构件强度、地面承载力等确定,各层支撑上下对齐。预制楼梯应按规格型号、生产日期分类存放,堆垛间留有通道。

4.6 预制构件存放、运输

4.6.1 预制构件存放

预制构件制作好之后,放置到预制厂堆场存放,然后集中运输到施工现场进行安装施工。

1. 构件吊运要满足的要求

(1)应根据预制构件的形状、尺寸、重量和作业半径等要求选择吊具和起重设备,所采用的吊具和起重设备及其操作,应符合国家现行有关标准及产品应用技术手册的规定。

(2)吊点数量、位置应经计算确定,应保证吊具连接可靠,应采取保证起重设备的主钩位置、吊具及构件重心在竖直方向上重合的措施。

(3)吊索水平夹角不宜小于 60°,不应小于 45°。

(4)应采用慢起、稳升、缓放的操作方式,吊运过程应保持稳定,不得偏斜、摇摆和扭转,严禁吊装构件长时间悬停在空中。

(5)吊装大型构件、薄壁构件或形状复杂的构件时,应使用分配梁或分配椅架类吊具,并应采取避免构件变形和损伤的临时加固措施。

2. 预制构件存放要求

(1)存放场地应平整、坚实,并应有排水措施。

(2)存放库区宜实行分区管理和信息化台账管理;存放前应先对构件进行清理。构件清理标准为套筒、埋件内无残余混凝土,粗糙面分明,光面上无污渍,挤塑板表面清洁等。

(3)应按照产品品种、规格型号、检验状态分类存放,产品标识应明确、耐久,预埋吊件应朝上,标识应向外。

(4)应合理设置垫块支点位置,确保预制构件存放稳定,支点宜与起吊点位置一致。

(5)与清水混凝土面接触的垫块应采取防污染措施。

(6)预制构件多层叠放时,每层构件间的垫块应上下对齐。

(7)预制楼板、叠合板、阳台板和空调板等构件宜平放,对宽度等于及小于 500 mm 的板,宜采用通长垫木;大于 500 mm 的板,可采用不通长的垫木。叠放层数不宜超过 6 层;长期存放时,应采取措施控制预应力构件起拱值和叠合板翘曲变形;大型桩类构件宜平放。

(8)预制柱、梁等细长构件宜平放且用两条垫木支撑。

(9)预制内外墙板、挂板宜采用专用支架直立存放(图 4.16),支架应有足够的强度和刚度,薄弱构件、构件薄弱部位和门窗洞口应采取防止变形开裂的临时加固措施。

(10)薄腹梁、屋架、桁架等宜立放。下部应加支撑或有坚固的堆放架,上部应拉牢固定,以免倾倒。墙板类构件宜立放,立放又可分为插放和靠放两种方式。插放时场地必须清理干净,插放架必须牢固,挂钩工应扶稳构件,垂直落地,靠放时应有牢固的靠放架,必须对称靠放和吊运,其倾斜角度应保持大于 $80°$,板的上部应用垫块隔开。

(a) 叠合板堆放

(b) 预制楼梯堆放

(c) 预制剪力墙堆放

(d) 预制柱堆放

图 4.16　预制构件堆放

4.6.2　预制构件运输

1. 预制构件运输方式的选择

4.17　构件类型与运输车辆选择

为了防止预制构件在运输过程中发生开裂、破损、变形现象,应根据预制构件的类型选择合适的运输车辆和运输货架。当采用重型、中型载货汽车以及半挂车装载预制构件时,高度从地面算起不得超过 4 m。预制构件竖放运输宜选择低平板车或预制构件专用运输车,使预制构件上限高度低于限高。

应根据构件特点采用不同的运输方式,托架、靠放架、插放架应进行专门设计,进行强度、稳定性和刚度验算,具体要求如下。

(1)外墙板宜采用立式运输,外饰面层应朝外,梁、板、楼梯、阳台宜采用水平运输。

(2)采用靠放架立式运输时,构件与地面倾斜角度宜大于 $80°$,构件应对称靠放,每侧不大于2层,构件层间上部采用木垫块隔离。

(3)采用插放架直立运输时,应采取防止构件倾倒措施,构件之间应设置隔离垫块。

(4)水平运输时,预制梁、柱构件叠放不宜超过3层,板类构件叠放不宜超过6层。

2. 运输线路的选择

根据选择的运输工具和预制构件装车后的高度、宽度、重量,勘察从预制厂到施工现场的道路限高、限宽、限重情况,施工现场道路转弯半径和硬化载重情况是否满足要求,选择合理可行的运输线路,避免在运输途中发生意外情况。

3.运输过程中的成品保护

预制构件在运输过程中应做好安全和成品防护,并应符合下列规定。

4.18 构件临时支架的选择

(1)应根据预制构件种类采取可靠的固定措施。

(2)对于超高、超宽、形状特殊的大型预制构件的运输和存放应制定专门的质量安全保证措施。

(3)运输时宜采取如下防护措施。

①设置柔性垫片避免预制构件边角部位或链索接触处的混凝土损伤。

②用塑料薄膜包裹垫块避免预制构件外观污染。

③墙板门窗框、装饰表面和棱角采用塑料贴膜或其他措施防护。

④竖向薄壁构件设置临时防护支架。

⑤装箱运输时,箱内四周采用木材或柔性垫片填实,支撑牢固。

4.19 构件车辆堆放方法　　4.20 预制外墙挂板运输

习　题

1.填空题

(1)同一厂家、同一类型且同一钢筋来源的成型钢筋,不超(　　)t为一批,每批中每种钢筋牌号、规格均应至少抽取(　　)个钢筋试件,总数不应少于(　　)个。

(2)预应力筋进场时,应全数检查外观质量,并应按国家现行相关标准的规定抽取试件做(　　)、(　　)检验。

(3)同一厂家、同一型号、同一规格且同一批号的锚具不超(　　)套为一批,夹具和连接器不超过(　　)套为一批。

(4)锚具进场需要做的检验有(　　)和(　　)检验,以及(　　　　　)检验。

(5)硅酸盐水泥进场需要进行水泥(　　)、(　　)和(　　)检验。

(6)矿物掺合料进场需要进行的检验有(　　)、(　　)和(　　)试验。

(7)天然粗骨料进场应进行(　　)、(　　)、(　　)和(　　)试验。

(8)预制外墙保温材料进场应进行(　　)、(　　)、(　　)、(　　)和(　　)试验。

(9)预埋吊件进场应进行(　　)、(　　)、(　　)等试验。

(10)内、外叶墙拉结件进场应进行(　　)、(　　)、(　　)检验。

(11)混凝土从出机到浇筑完毕的延续时间,当气温高于 25 ℃时,不宜超过(　　)min,气温不高于 25 ℃时不宜超过(　　)min。

(12)预制构件浇筑混凝土时,混凝土倾落高度不宜大于(　　)mm,并应均匀摊铺。

（13）预制混凝土构件，宜在常温下预养护（　　）h，升、降温速度不宜超过（　　）℃/h，最高养护温度不宜超过（　　）℃。预制构件脱模时的表面温度与环境温度的差值不宜超过（　　）℃。

（14）预制构件起吊时，吊索水平夹角不宜小于（　　）°，不应小于（　　）°。

（15）预制构件的专用支架应有足够的（　　）和（　　），靠放倾斜角度应保持大于（　　）。

（16）水平运输时，预制梁、柱构件叠放不宜超过（　　）层，板类构件叠放不宜超过（　　）层。

（17）预制构件生产流水线工艺，（　　）是移动的，（　　）是固定的。

2. 单选题

（1）预制构件生产工艺中，（　　）工艺的机械化程度高，生产效率高，可连续循环作业。

A. 固定模台　　　　　　　　　　　B. 立模
C. 平模机组流水线　　　　　　　　D. 平模传送流水线

（2）预制构件生产前，应由（　　）单位组织设计、生产、施工单位进行设计文件交底和会审。

A. 建设　　　　　B. 监理　　　　　C. 设计　　　　　D. 施工

（3）预制构件生产前应编制（　　）。

A. 施工方案　　　　B. 生产方案　　　　C. 深化设计　　　　D. 管理方案

（4）构件生产前，检测、试验、张拉、计量等设备及仪器仪表均应（　　）。

A. 清理干净　　　B. 检查合格　　　C. 重新购置　　　D. 检定合格

（5）钢筋进场时，应全数检查（　　）。

A. 外观质量　　　B. 尺寸偏差　　　C. 屈服强度　　　D. 重量偏差

（6）对由热轧钢筋组成的成型钢筋，当有企业或监理单位的代表驻厂监督加工过程并能提供原材料力学性能检验报告时，可仅进行（　　）检验。

A. 外观　　　　B. 抗拉强度　　　C. 伸长率　　　D. 重量偏差

（7）同一厂家（产地）且同一规格的骨料体积为 1000 m³，质量为 1400 t，应划分（　　）个检验批。

A. 1　　　　　　B. 2　　　　　　C. 3　　　　　　D. 4

（8）天然细骨料进场应进行（　　）和含泥量试验。

A. 细度模数、抗压强度　　　　　　B. 颗粒级配、细度模数
C. 抗压强度、颗粒级配　　　　　　D. 密度、强度

（9）同一厂家、同一品种且同一规格的保温材料，不超过（　　）m² 为一批。

A. 5000　　　　B. 10000　　　　C. 15000　　　　D. 20000

（10）同一厂家、同一类别、同一规格的内、外叶墙拉结件，不超过（　　）件为一批。

A. 5000　　　　B. 10000　　　　C. 15000　　　　D. 20000

（11）预制构件的模具应具有足够的（　　）和整体稳定性。

A. 强度、平整度　　　　　　　　　B. 美观度、刚度

C. 强度、刚度   D. 平整度、刚度

(12)构件上的预埋件和预留孔洞宜通过(　　　)进行定位。

A. 钢筋   B. 模具   C. 侧模   D. 底模

(13)某品种的减水剂,掺量为 1.2%,质量为 80 t,应划分为(　　　)个检验批。

A. 1   B. 2   C. 3   D. 4

(14)一个班拌制的混凝土为 150 盘、200 m^3,预制构件混凝土强度试验的试块应做(　　　)组。

A. 6   B. 4   C. 3   D. 2

(15)预制夹心保温外墙板,上层混凝土浇筑完成,应该在下层混凝土(　　　)。

A. 初凝之后   B. 初凝之前   C. 终凝之后   D. 终凝之前

(16)叠合面粗糙面可在混凝土(　　　)进行拉毛处理。

A. 初凝后   B. 初凝前   C. 终凝后   D. 终凝前

(17)涂刷养护剂应在混凝土(　　　)进行。

A. 初凝后   B. 初凝前   C. 终凝后   D. 终凝前

(18)预制构件脱模起吊时的混凝土强度应计算确定,且不宜小于(　　　)MPa。

A. 5   B. 10   C. 15   D. 20

(19)确保预制构件存放稳定,支点宜与(　　　)位置一致。

A. 起吊点   B. 重心   C. 中心   D. 跨度 1/3 处

3. 判断题

(1)同一厂家同批次材料用于生产不同工程的预制构件时,可统一划分检验批。

(　　　)

(2)来源稳定且连续三批均一次检验合格的原材料及配件,进场检验时检验批的容量可按相关标准的有关规定扩大 2 倍。(　　　)

(3)脱模剂应无毒、无味,不应影响混凝土性能和预制构件表面装饰效果。(　　　)

(4)同一厂家、同一类别、同一规格的预埋吊件,不超过 10000 件为一批。(　　　)

(5)模板设计长度为 5 m,对角线交点的垂直距离为 3 mm,该模板质量合格。(　　　)

(6)预制构件预埋门框对角线设计长度为 2.5 m,实测两个对角线长度分别为 2.495 m 和 2.503 m,该门框偏差值满足要求。(　　　)

(7)预制构件出厂时的混凝土强度不宜低于设计混凝土强度等级值的 75%。(　　　)

(8)夹芯保温外墙板最高养护温度不宜大于 60 ℃。(　　　)

(9)同一厂家、同一品种、同一代号、同一强度等级且连续进厂的硅酸盐水泥,袋装水泥不超过 200 t 为一批,散装水泥不超过 300 t 为一批。(　　　)

(10)同一厂家、同一品种、同一技术指标的矿物掺合料,粉煤灰和粒化高炉矿渣粉不超过 200 t 为一批,硅灰不超过 100 t 为一批。(　　　)

(11)采用靠放架立式运输时,构件与地面倾斜角度宜大于 80°,构件应对称靠放,每侧不大于 2 层。(　　　)

5 装配式建筑构件吊装施工

装配式建筑预制构件吊装施工就是将在预制厂生产好的预制构件运输到施工现场，采用起重设备将预制构件吊至施工地点，然后采用浆锚、套筒灌浆、后浇混凝土等方式将预制构件之间进行连接，形成具有安全、适用、耐久性的装配式建筑。

本章的主要内容有吊索和吊具、预制构件的吊装施工工艺、节点的连接、安装施工质量检验及标准。

5.1 吊索和吊具

预制构件类型多、重量大，形状和重心千差万别，施工前应提前设计好吊点，选择合适的吊索和吊具。无论采用哪种吊装方式，始终要使吊索的合力作用线通过构件的重心，在吊装过程中保证构件稳定，不出现摇摆、倾斜、转动、翻转等现象，通过计算选择合理的吊索和吊具。

5.1.1 吊索

预制构件的吊装采用的吊索一般为钢丝绳和吊链，可根据现场条件及所吊预制构件的特点进行选择。

1. 钢丝绳

钢丝绳是将钢丝按照一定的规则捻在一起的螺旋状钢丝束。钢丝绳强度高、自重轻、工作平稳，不易骤然整根折断，工作可靠，是预制构件吊装最常用的吊索。

(1)分类。钢丝绳吊索主要类型分为三种：编插式、压接式、绳卡式(图5.1)。预制构件安装在满足承载力条件下，首选铝合金压接式和编插式连接方法。吊索编插长度不应小于钢丝绳直径的20倍，压制钢丝绳绳套的套长(绳头到套环内边的距离)在没有套环的情况下，不得小于钢丝绳直径的20倍，且不应小于300 mm。

(2)钢丝绳使用注意事项。吊索与所吊构件的水平夹角不应小于60°。吊运有棱角的重物时，吊索与重物之间采取妥善的保护措施。吊运重物时，应根据吊运类型合理选取安全系数(破断拉力与全部工作荷载之比)，一般不小于5；当利用吊索上的吊钩、卡环钩挂重物上的起重吊环时，不应小于6；当用吊索直接捆绑重物，且吊索与重物棱角采取了妥

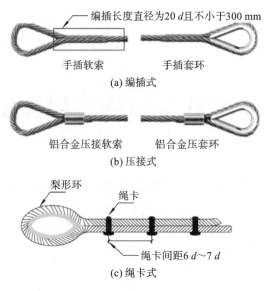

图 5.1 钢丝绳类型

善的保护措施时,应取 6~8;当起吊重、大或精密的重物时,除应采取妥善保护措施外,安全系数应取 10。吊索应根据起吊能力不同分类存放在干燥、通风的位置。每次使用前应对钢丝绳吊索直径、断丝数量、连接节点等部位进行检查,对达到报废标准的吊索应及时报废。

(3)钢丝绳的选择。钢丝绳可采用 6×19,但宜用 6×37 型钢丝绳制作成环式或八股头式,其长度和直径应根据吊物的几何尺寸、重量和所用的吊装工具和吊装方法予以确定。使用时可采用单根、双根、四根或多根悬吊形式。

钢丝绳的强度等级分为 1570 N/mm²、1670 N/mm²、1770 N/mm²、1870 N/mm²、1960 N/mm²、2160 N/mm² 等。计算钢丝绳理论破断力时,用相应级别系数乘以钢丝绳有效截面面积,1670 N/mm² 是预制构件安装中较为常用的一种强度等级。

(4)钢丝绳报废标准。

①断丝:在 6 倍钢丝绳直径的长度范围内,可见断丝总数超过钢丝总数的 5%;同一部位和环眼处超过 3 根断丝。

②压扁:尺寸少于原始直径的 70%。

③波浪形变形:在钢丝绳长度不超过 25 d 的范围内,$d_1 \geqslant 4\,d/3$(d 为钢丝绳公称直径,d_1 为钢丝绳变形后的包络直径)。

④锈蚀:细丝松弛,表面明显粗糙、柔性降低;细丝表面出现深坑,在锈蚀部位实测钢丝绳公称直径减少达 7%;发生内部锈蚀。

⑤部分松股:松股超过公称直径的 10%。

⑥6 倍钢丝绳直径内,绳丝被挤出达 5%,绳股挤出;绳径局部增大达原直径的 120%;直径减少,少于公称直径的 90%。

⑦磨损:公称直径减少达 7% 或外层钢丝磨损达原直径 40%。

⑧其他具体执行《起重机 钢丝绳 保养、维护、检验和报废》(GB/T 5972—2016)的

规定。

2. 吊链

吊链主要用于预制构件的吊装,起重吊链等级按照国家规范可分为普通精度等级和高精度等级,起重荷载不得超过吊链的极限工作荷载,需满足国家现行标准《M(4)、S(6)、T(8)级焊接吊链》(GB/T 20652—2006)的要求。

(1)其使用规定如下。

①进场起重吊链质量需满足国家现行标准《起重用短环链验收总则》(GB/T 20946—2007)的要求。

②起重吊链使用后应做清洁工作,干燥后涂防锈油,并将其放置在专用支架上,不得放在地面上。存放地点要通风、干燥、无腐蚀气氛。

③起重吊链使用时不允许错扭、打结,相邻链环活动应灵活。

④吊运有棱角的重物时,吊链与重间应做好相应的防护。

⑤使用起重吊链时,其产品安全系数不应低于6。

⑥每次使用前应对吊链链环直径、长度、吊环、吊钩节点等部位进行检查,对达到报废标准的吊索应及时报废。

(2)吊链报废标准。

①链环有裂缝或发生塑性变形,伸长量达原长度的5%。

②任何部位的链环直径减少了10%及以上。

③有开口度的端部配件,开口度比原尺寸增加10%。

④扭曲、严重锈蚀以后积垢不能加以排除。

5.1.2 吊具

1. 梁式吊具

梁式吊具(图5.2)主要用于预制剪力墙、飘窗、PCF板、装饰柱、楼梯及叠合梁构件的吊装,其使用规定如下。

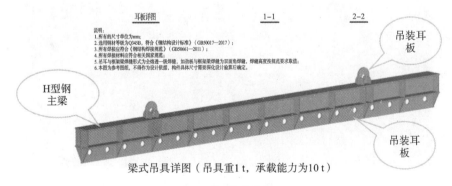

图 5.2 梁式吊具

(1)吊具进场前,应具备产品出厂合格证及相应的焊缝探伤检测报告。

(2)必须确保起吊时负载不超过极限额定荷载,吊运过程中,吊具应处于平衡状态。

(3)不应在吊具上钻孔或焊接修补,不可随意更改吊具结构,增加或减少吊具零部件。

(4)每次使用前,检查整个吊具外观是否有焊缝开裂、零件变形、裂纹等缺陷。吊具本体焊缝中,熔透焊缝每 6 个月应进行一次无损探伤,角焊缝每 6 个月进行一次外观及焊脚尺寸检查。

(5)吊具不允许在酸、碱、盐、化学气体及潮湿环境中存放。各转动部位应定期加注润滑油或润滑脂,防止出现卡阻现象。

2.框型吊具

框型吊具(图 5.3)主要用于预制阳台板、叠合板、空调板构件的吊装,其使用说明同梁式吊具。

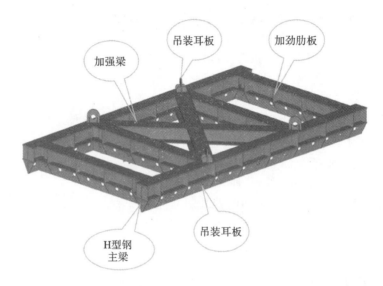

图 5.3　框型吊具

3.鸭嘴吊扣

鸭嘴吊扣(图 5.4)主要用于吊装过程中连接卸扣与吊点处吊钉,使用规定如下。

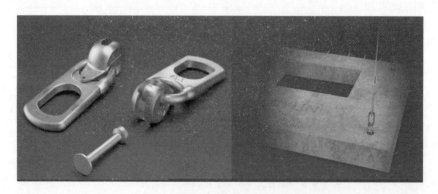

图 5.4　鸭嘴吊扣

(1)应根据构件重量选择合适的吊扣,使用前应确认吊扣与吊钉是否相匹配。

(2)吊扣应光滑平整,不得有裂痕、锐边和过烧等缺陷。

(3)不应在吊扣上钻孔或焊接修补,扣体和轴销永久变形后,不得进行修复。

(4)使用时,必须严格按照产品标识示意受力方向安装吊扣,禁止吊具与吊环垂直受力。

(5)侧拉受力时,环体有凹槽的一面向内;带角度受力时,环体有凹槽的一面向下,避免球头滑出,产生脱钩危险。

(6)吊扣的使用荷载不得超过规定的许用荷载。

(7)每次使用前,应对扣体尺寸、零件变形、节点活动等进行检查,不得出现严重磨损、变形和疲劳裂纹,对达到报废标准的吊扣应及时报废。

(8)鸭嘴吊扣报废标准。

①有明显永久变形或轴销不能转动自如。

②吊扣使用时间超过两年。

③吊扣任何一处出现裂纹。

④吊扣试验后不合格。

4.万向吊环

万向吊环(图5.5)主要用于吊装过程中连接卸扣与吊点处预埋螺栓,其使用规定如下。

图5.5 万向吊环

(1)应根据构件重量选择合适的吊环,使用前应确认吊环螺纹与预埋螺栓螺纹规格是否相匹配。

(2)吊环应光滑平整,不得有裂痕、锐边和过烧等缺陷。

(3)不应在吊环上钻孔或焊接修补,扣体和轴销永久变形后,不得进行修复。

(4)使用时,应检查扣体和插销,不得出现严重磨损、变形和疲劳裂纹。

(5)使用时,吊环底部与起吊物体紧密贴合,以免出现间隙形成较大弯矩。禁止在吊环与起吊物体之间放置垫片、隔片等其他配件对吊环进行改装。

(6)吊环的使用荷载不得超过规定的许用荷载。

(7)每次使用前,应对扣体尺寸、零件变形、节点活动等进行检查,不得出现严重磨损、变形和疲劳裂纹,对达到报废标准的吊扣应及时报废。

(8)万向吊环报废标准。

①有明显永久变形或轴销不能转动自如。

②吊环使用时间超过两年。

③吊环任何一处出现裂纹。

④吊环试验后不合格。

5. D 型卸扣

D 型卸扣(图 5.6)主要用于吊装过程中连接吊索与构件,其使用规定如下。

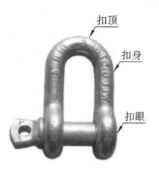

扣顶
扣身
扣眼

图 5.6　D 型卸扣

(1)施工项目应根据构件重量选择合适的卸扣。

(2)卸扣应光滑平整,不得有裂痕、锐边和过烧等缺陷。

(3)不应在卸扣上钻孔或焊接修补,扣体和轴销永久变形后,不得进行修复。

(4)使用时,应检查扣体和插销,不得出现严重磨损、变形和疲劳裂纹。

(5)使用时,横向间距不得受拉力,轴销必须插好保险销。

(6)轴销正确装配后,扣体内宽不得明显减少,螺纹连接良好。

(7)卸扣的使用荷载不得超过规定的许用荷载。

(8)活动卡环在绑扎时,起吊后销子的尾部应朝下,吊索在受力后应紧压销子。

(9)每次使用前,应对扣体尺寸、零件变形、节点活动等进行检查,不得出现严重磨损、变形和疲劳裂纹,对达到报废标准的吊扣应及时报废。

(10)D 型卸扣报废标准如下。

①有明显永久变形或轴销不能转动自如。

②扣体和轴销任何一处截面磨损量达原尺寸的 10% 以上。

③卸扣任何一处出现裂纹。

④卸扣不能闭锁。

⑤卸扣试验后不合格。

6. 弓型卸扣

弓型卸扣构造同 D 型卸扣,主要用于吊装过程中连接吊索与构件,其使用规定如下。

(1)卸扣应光滑平整,不得有裂纹、锐边和过烧等缺陷,对可疑区域可用放大镜等手段进行复查。

(2)轴销不得有永久变形,且在拧松后可自由转动,扣体长度尺寸的增量不得超过 0.25% 或 0.5 mm。

(3)卸扣可进行抽样可靠性试验,荷载为两倍试验荷载。卸扣不得出现断裂或使卸扣丧失承载能力的变形。

(4)现用卸扣的安全负荷均以 M(4)级核准。

(5)在扣体上应标上强度等级、安全负荷等标记。

(6)每次使用前,应对扣体尺寸、零件变形、节点活动等进行检查,不得出现严重磨损、变形和疲劳裂纹,对达到报废标准的吊扣应及时报废。

(7)弓型卸扣报废标准。

①有明显永久变形或轴销不能转动自如。

②扣体和轴销任何一处截面磨损量达原尺寸的10％以上。

③卸扣任何一处出现裂纹。

④卸扣不能闭锁。

⑤卸扣试验后不合格。

5.2　预制构件的吊装施工工艺

5.2.1　一般规定

(1)装配式建筑应结合设计、生产、装配一体化的原则整体策划,协同建筑、结构、机电、装饰装修等专业要求,制定施工组织设计。

(2)施工单位应根据装配式建筑工程特点配置组织的机构和人员。施工作业人员应具备岗位需要的基础知识和技能,施工单位应对管理人员、施工作业人员进行质量安全技术交底。

(3)装配式建筑施工宜采用工具化、标准化的工装系统。

(4)装配式建筑施工宜采用建筑信息模型技术对施工全过程及关键工艺进行信息化模拟。

(5)装配式建筑施工前,宜选择有代表性的单元进行预制构件试安装,并应根据试安装结果及时调整施工工艺、完善施工方案。

(6)装配式建筑施工中采用的新技术、新工艺、新材料、新设备,应按有关规定进行评审、备案。施工前,应对新的或首次采用的施工工艺进行评价,并应制定专门的施工方案。施工方案经监理单位审核批准后实施。

(7)装配式建筑施工过程中应采取安全措施,并应符合国家现行有关标准的规定。

5.2.2　施工前的准备工作

1.制定专项方案

专项施工方案宜包括工程概况、编制依据、进度计划、施工场地布置、预制构件运输与存放、安装与连接施工、绿色施工、安全管理、质量管理、信息化管理、应急预案等内容。

2.已完工结构、预制构件、材料和配件的验收

安装施工前,应核对已施工完成结构、基础的外观质量和尺寸偏差,确认混凝土强度和预留预埋符合设计要求,并应核对预制构件的混凝土强度及预制构件和配件的型号、规格、数量等符合设计要求。应进行测量放线、设置构件安装定位标识。测量放线应符合现行国家标准《工程测量规范》(GB 50026—2020)的有关规定。

预制构件、安装用材料及配件等应符合国家现行有关标准及产品应用技术手册的规定,并应按照国家现行相关标准的规定进行进场验收。

3. 施工现场道路、堆场准备

（1）现场运输道路和存放场地应坚实平整，并应有排水措施。

（2）施工现场内道路应按照构件运输车辆的要求合理设置转弯半径及道路坡度。

（3）预制构件运送到施工现场后，应按规格、品种、使用部位、吊装顺序分别设置存放场地。存放场地应设置在吊装设备的有效起重范围内，且应在堆垛之间设置通道。

（4）构件的存放架应具有足够的抗倾覆性能。

（5）构件运输和存放对已完成结构、基坑有影响时，应经计算复核。

4. 吊装设备、安全防护系统验收

安装施工前，应复核吊装设备的吊装能力。应按现行行业标准《建筑机械使用安全技术规程》（JCJ 33—2012）的有关规定，检查复核吊装设备及吊具处于安全操作状态，并核实现场环境、天气、道路状况等满足吊装施工要求。

安全防护系统应按照施工方案进行搭设、验收，并应符合下列规定。

（1）工具式外防护架应试组装并全面检查，附着在构件上的防护系统应复核其与吊装系统的协调。

（2）防护架应经计算确定。

（3）高处作业人员应正确使用安全防护用品，宜采用工具式操作架进行安装作业。

5.2.3 预制柱吊装

1. 预制柱吊装工艺流程

预制柱吊装工艺流程见图 5.7。

2. 预制柱吊装施工步骤

5.1 预制构件吊装视频

（1）测量定位放线（图 5.8）。楼面混凝土达到设计强度后，清理结合面，由专业测量员放出测量定位控制轴线、预制柱定位边线及 200 mm 控制线，并做好标识。

（2）预留钢筋复核校正（图 5.9）。用自制钢筋定位控制钢套板对板面预留竖向钢筋进行复核，检查预留钢筋位置、垂直度、钢筋预留长度是否准确，对不符合要求的钢筋进行校正，对偏位的钢筋及时进行调整。

5.2 预制柱吊装动画

（3）垫片找平。每个预制柱下部四个角部位根据实测数值放置相应高度的垫片进行标高找平，并防止垫片移位。垫片安装应注意避免堵塞注浆孔及灌浆连通腔。

（4）预制柱起吊（图 5.10）。吊装施工前由质量工程师核对预制柱型号、尺寸，检查质量无误后，由专人负责挂钩，待挂钩人员撤离至安全区域后，由信号工确认构件四周安全情况，确认无误后进行试吊，指挥缓慢起吊。起吊到距离地面 0.5 m 左右时，进行起吊装置安全确认，确认起吊装置安全后，继续起吊作业。

（5）预制柱就位（图 5.11）。预制柱吊运至施工楼层距离楼面 200 mm 时，略作停顿，安装工人对着楼地面上已经弹好的预制柱定位线扶稳预制柱，并通过小镜子检查预制柱下口套筒与连接钢筋位置是否对准，检查合格后缓慢落钩，使预制柱落至找平垫片上就位放稳。

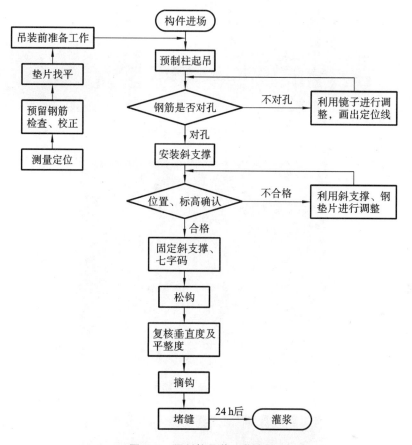

图 5.7　预制柱吊装工艺流程

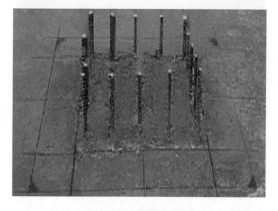

图 5.8　测量定位放线

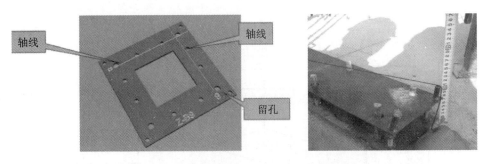

图 5.9　预留钢筋复核校正

图 5.10　预制柱起吊

图 5.11　预制柱就位

　　(6)安装斜支撑(图 5.12)。装配体系预制柱就位后,采用长短两条斜向支撑将预制柱临时固定。斜向支撑主要用于固定与调整预制柱体,确保预制柱安装垂直度,加强预制柱与主体结构的连接,确保灌浆和后浇混凝土浇筑时,柱体不产生位移。楼面斜支撑一般采用膨胀螺栓进行安装。安装时需与安装处楼面板预埋管线及钢筋位置、板厚等因素进行综合考虑,避免损坏、打穿、打断楼板预埋线管、钢筋、其他预埋装置等,甚至打穿楼板。

图 5.12　安装斜支撑

（7）预制柱校正。采用定位调节工具对预制柱进行微调。调整短支撑来调节柱的位置，调整长支撑以调整柱垂直度，用撬棍拨动预制柱、用铅锤、靠尺校正柱体的位置和垂直度，并可用经纬仪进行检查。经检查预制柱水平定位、标高及垂直度调整准确无误后紧固斜向支撑，卸去吊索卡环。

3. 预制柱吊装注意事项

（1）宜按照角柱、边柱、中柱顺序进行安装，与现浇部分连接的柱宜先行吊装。

（2）预制柱的就位以轴线和外轮廓线为控制线，对于边柱和角柱，应以外轮廓线控制为准。

（3）就位前应设置柱底调平装置，控制柱安装标高。

（4）预制柱安装就位后应在两个方向设置可调节临时固定措施，并应进行垂直度、扭转调整。

（5）采用灌浆套筒连接的预制柱调整就位后，柱脚连接部位宜采用模板封堵。

（6）装配式结构楼层以下的现浇结构楼层预留纵向钢筋施工时，为避免钢筋偏位、钢筋预留长度错误造成无法与预制装配式结构楼层预制构件的预留套筒正确连接，应采用钢筋定位控制套箍对预留竖向钢筋进行检查、固定，保证结构顶部纵向预留钢筋位置。

（7）在安装下一层预制柱前，柱顶部纵向钢筋留出自由端高度，因为柱纵向钢筋自由端较长，在后续钢筋绑扎、混凝土浇捣作业中容易产生偏位。为了避免钢筋偏位后无法与下一层预制柱的预留套筒连接，在预制柱吊装完毕后应安装纵向钢筋定位套箍，固定柱顶部纵向钢筋位置。

5.2.4　预制墙板吊装

1. 预制墙板吊装工艺流程

预制墙板吊装工艺流程见图 5.13。

2. 预制墙板吊装施工步骤

（1）测量定位放线（图 5.14）。楼面混凝土达到设计强度后，清理结合面，根据定位轴线，在已施工完成的楼层板面上放出预制墙体定位边线及 200 mm 控制线，并做好 200 mm 控制线的标识，在预制墙体上弹出 1000 mm 水平控制线，方便施工操作及墙体控制。

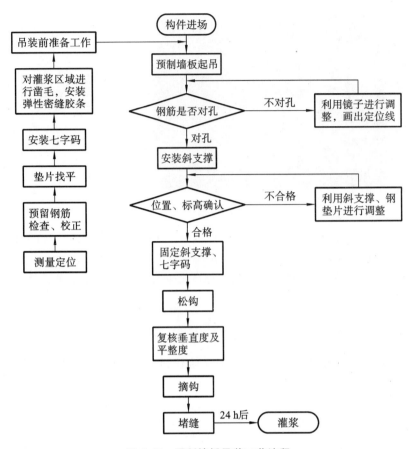

图 5.13　预制墙板吊装工艺流程

5.3　预制墙板
吊装视频

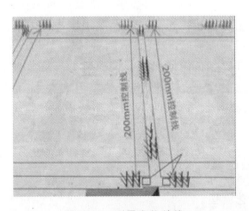

图 5.14　测量定位放线

5.4　预制墙板
吊装动画

　　(2)预留钢筋复核校正(图5.15)。使用自制钢筋定位控制钢套板对板面预留竖向钢筋进行复核,检查预留钢筋位置、垂直度、钢筋预留长度是否准确,对不符合要求的钢筋进行校正,偏位的钢筋要及时进行调整,确保上层预制墙体内的套筒与下一层的预留插筋能够顺利对孔。

(3)垫片找平(图 5.16)。预制墙板下口与楼板间设计有约 20 mm 缝隙(灌浆用),同时为保证墙板上下口齐平,每块墙板下部四个角部根据实测数值放置相应高度的垫片进行标高找平,并防止垫片移位。垫片安装应注意避免堵塞注浆孔及灌浆连通腔。

图 5.15 预留钢筋复核校正　　　　　图 5.16 垫片找平

(4)安装墙板定位七字码(图 5.17)。七字码设置于预制墙体底部,主要用于加强预制墙体与主体结构的连接强度,确保灌浆和后浇混凝土浇筑时,墙体不产生位移。每块墙板应安装不少于 2 个,间距不大于 4 m。七字码安装定位需注意避开预制墙板灌、出浆孔位置,以免影响灌浆作业。楼面七字码、斜支撑常规采用膨胀螺栓进行安装。安装时需与安装处楼面板预埋管线及钢筋位置、板厚等因素进行综合考虑,避免损坏、打穿、打断楼板预埋线管、钢筋、其他预埋装置等,甚至打穿楼板。

 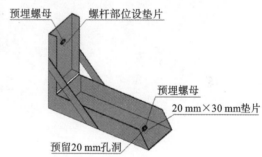

图 5.17 安装定位七字码

(5)粘贴弹性防水密封胶条(图 5.18)。外墙板因设计有企口而无法封缝,为防止灌浆时浆料外侧渗漏,墙板吊装前在预制墙板保温层部位粘贴弹性防水密封胶条。根据构件结构特点、施工环境温度条件等因素,确定采用水平缝坐浆的单套筒灌浆、水平缝连通腔封缝的多套筒灌浆、水平缝连通腔分仓封缝的多套筒灌浆等施工方案,并以实际样品构件、施工机具、灌浆材料等进行方案验证,确认后实施。胶条安装应注意避免堵塞注浆孔及灌浆连通腔,每个分仓封缝应回合密封,与外界隔离。须保证连通腔四周的密封结构可靠、均匀,密封强度满足套筒灌浆压力的要求。特别应注意预制墙板与后浇墙体连接部位一侧的密封胶条是否安装封堵到位。

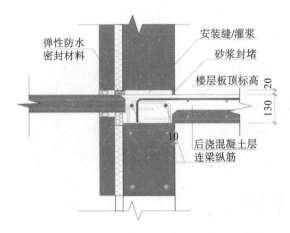

图 5.18　弹性防水密封胶条构造做法示意图(单位:mm)

(6)预制墙板起吊,预制墙板吊装时,为了保证墙体构件整体受力均匀,应采用 H 型钢焊接而成的专用吊梁(图 5.19),根据各预制构件吊装时不同尺寸、重量,及不同的起吊点位置,设置模数化吊点,确保预制构件在吊装时吊装钢丝绳保持竖直。专用吊梁下方设置专用吊钩,用于悬挂吊索,进行不同类型预制墙体的吊装。

图 5.19　模数化通用吊梁

吊装施工前由质量工程师核对墙板型号、尺寸,检查质量无误后,由专人负责挂钩,待挂钩人员撤离至安全区域时,由信号工确认构件四周安全情况,确认无误后进行试吊,指挥缓慢起吊。起吊到距离地面约 0.5 m 时,进行起吊装置安全确认,确定起吊装置安全后,继续起吊作业(图 5.20)。

(7)斜支撑安装(图 5.21)。装配体系预制墙板(内墙板、外墙板)就位后,采用长短两条斜向支撑将预制墙板临时固定。斜向支撑主要用于固定与调整预制墙体,确保预制墙体安装垂直度,加强预制墙体与主体结构的连接,确保灌浆和后浇混凝土浇筑时,墙体不产生位移。

图 5.20 预制墙板起吊

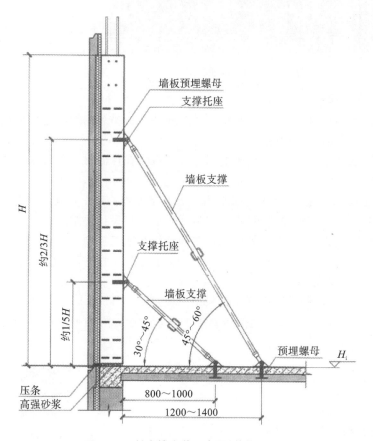

图 5.21 斜支撑安装示意图(单位:mm)

5.5 预制内墙板
吊装动画

（8）预制墙板校正（图 5.22）。墙体吊装之前可在室内架设激光扫平仪,扫平标高设置为 1000 mm。墙体定位完成缓慢降落过程中通过激光线与墙体 1000 mm 控制线进行校核,墙体下部通过调节钢垫片进行标高调节,直至激光线与墙体 1000 mm 控制线重合。墙体吊装完成后,控制线距楼层标高应为（1000±3）mm。采用定位调节工具对预制墙板微调。调整短支撑以调节墙板位置,调整长支撑以调整墙板垂直度,用撬棍拨动墙板、用铅锤、靠尺校正墙板的位置和垂直度,并随时用检测尺进行检查。经检查预制墙板水平定位、标高及垂直度调整准确无误后紧固斜向支撑,卸去吊索卡环。

图 5.22　预制墙板校正

3.预制墙板吊装注意事项

（1）与现浇部分连接的墙板宜先行吊装,其他宜按照外墙先行吊装的原则进行吊装。

（2）就位前,应在墙板底部设置调平装置。

（3）采用灌浆套筒连接、浆锚搭接连接的夹芯保温外墙板应在保温材料部位采用弹性密封材料进行封堵。

（4）采用灌浆套筒连接、浆锚搭接连接的墙板需要分仓灌浆时,应采用坐浆料进行分仓,多层剪力墙采用坐浆时应均匀铺设坐浆料,坐浆料强度应满足设计要求。

（5）墙板以轴线和轮廓线为控制线,外墙应以轴线和外轮廓线双控。

（6）安装就位后应设置可调斜撑临时固定,测量预制墙板的水平位置、垂直度、高度等,通过墙底垫片、临时斜支撑进行调整。

（7）预制墙板调整就位后,墙底部连接部位宜采用模板封堵。

（8）叠合墙板安装就位后进行叠合墙板拼缝处附加钢筋安装,附加钢筋应与现浇段钢筋网交叉点全部绑扎牢固。

5.2.5　预制叠合梁吊装

1.预制叠合梁吊装工艺流程

预制叠合梁吊装工艺流程见图 5.23。

2.预制叠合梁吊装施工步骤

（1）测量定位放线。墙体楼面混凝土达到设计强度后,清理楼

5.6　柱上预制叠合梁吊装动画

面,并根据结构平面布置图,放出定位轴线及叠合梁定位控制边线,做好控制线标识。

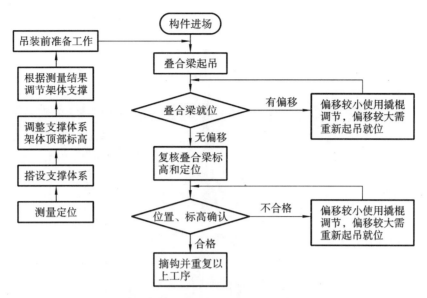

图 5.23 预制叠合梁吊装工艺流程

（2）搭设支撑体系。装配式预制叠合梁支撑体系宜采用可调式独立钢支撑体系（图5.24）。采用装配式结构独立钢支撑系统（图5.25）的支撑高度不宜大于4 m,当支撑高度大于4 m时,宜采用满堂钢管支撑脚手架体系。

可调式独立钢支撑体系施工前应编制专项施工方案,并应经审核批准后实施。施工方案应包括工程概况、编制依据、独立钢支柱支撑布置方案、施工部署、施工检测、搭设与拆除、施工安全质量保证措施、计算书及相关图纸等,并应按照钢支撑上的荷载以及钢支撑容许承载力,计算钢支撑的间距和位置。

可调式独立钢支撑体系搭设前,项目技术负责人应按专项施工方案的要求对现场管理人员和作业人员进行技术和安全作业交底。

可调式独立钢支撑的搭设场地应坚实、平整,底部应做找平夯实处理,地基承载力应满足受力要求,并应有可靠的排水措施,防止积水浸泡地基。独立钢支撑立柱搭设在地基土上时,应加设垫板,垫板应有足够的强度和支撑面积,垫板下如有空隙应予垫平垫实。

根据结构施工支撑体系专项施工方案及支撑平面布置图,在楼面放出支撑点位置。可调节钢支撑应垂直安装,尽量避免受负荷载。

（3）调整支撑体系架体顶部标高。支撑安装先利用手柄将调节螺母旋至最低位置,将上管插入下管至接近所需的高度,然后将销子插入位于调节螺母上方的调节孔内,把可调钢支顶移至工作位置,搭设支架上部工字钢梁,旋转调节螺母,调节支撑使铝合金工字钢梁上口标高至叠合梁底标高,待预制梁底支撑标高调整完毕后进行吊装作业。

（4）叠合梁的吊装（图5.26）。支撑体系搭设完毕后,按照施工方案制定的安装顺序,将有关型号、规格的预制梁配套码放,在预制叠合梁两端弹好定位控制轴线（或中线）,理顺调直两端伸出的钢筋。

在预制柱已吊装加固完成的开间内进行预制叠合梁吊装作业。梁吊装宜遵循先主梁后次梁的原则,分间吊装预制叠合楼板。

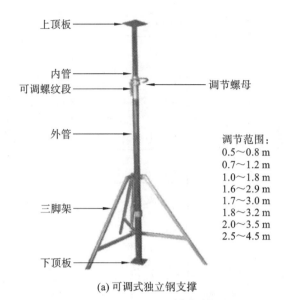

上顶板

内管

可调螺纹段

调节螺母

外管

调节范围：
0.5～0.8 m
0.7～1.2 m
1.0～1.8 m
1.6～2.9 m
1.7～3.0 m
1.8～3.2 m
2.0～3.5 m
2.5～4.5 m

三脚架

下顶板

(a) 可调式独立钢支撑

(b) 铝合金工字梁

(c) 工字梁与支撑连接节点

图 5.24　可调式独立钢支撑体系

图 5.25　独立钢支撑系统

图 5.26　叠合梁的吊装

应按照图纸上的规定或施工方案中所确定的吊点位置,进行挂钩和锁绳。注意吊绳的夹角一般不得小于 45°。如使用吊环起吊,必须同时拴好保险绳。当采用兜底吊运时,必须用卡环卡牢。

挂好钩绳后缓缓提升,绷紧钩绳,离地 500 mm 左右时停止上升,认真检查吊具是否牢固,拴挂是否安全可靠,方可吊运就位。

(5)叠合梁就位(图 5.27)。吊装前应检查柱头支点钢垫的标高、位置是否符合安装要求。就位时找好柱头上的定位轴线和梁上轴线之间的相互关系,控制梁正确就位。

叠合梁吊装至楼面 500 mm 时,停止降落,操作人员稳住叠合梁,参照柱、墙顶垂直控制线和下层板面上的控制线,引导叠合梁缓慢降落至柱头支点上方。待构件稳定后,方可进行摘钩和校正。

图 5.27　叠合梁就位

(6)叠合梁校正。吊装摘钩后,根据预制墙体上弹出的水平控制线及竖向楼板定位控制线,校核叠合梁水平位置及竖向标高情况(图 5.28)。通过调节竖向独立支撑(图 5.29),确保叠合梁满足设计标高及质量控制要求;通过撬棍调节叠合梁水平定位,确保叠合梁满足设计图纸水平定位及质量控制要求。

调整叠合梁水平定位时,撬棍应配合垫木使用,避免损伤预制梁边角。

图 5.28　叠合梁标高校核

图 5.29　竖向独立支撑的调节

　　调整完成后应检查梁吊装定位是否与定位控制线存在偏差。采用铅垂线和靠尺进行检测,如偏差仍超出设计及质量控制要求,或偏差影响到周边叠合梁或叠合楼板的吊装,应对该叠合梁进行重新起吊落位,直到通过检验为止(图 5.30)。

图 5.30　叠合梁安装完成

3. 预制梁或叠合梁安装注意事项

　　(1)安装顺序宜遵循先主梁后次梁、先低后高的原则。

　　(2)安装前,应测量并修正临时支撑标高,确保与梁底标高一致,并在柱上弹出梁边控制线,安装后根据控制线进行精密调整。

　　(3)安装前,应复核柱钢筋与梁钢筋位置、尺寸,对梁钢筋与柱钢

5.7　墙上预制叠合
梁吊装动画

筋位置有冲突的,应按经设计单位确认的技术方案调整。

(4)安装时梁伸入支座的长度与搁置长度应符合设计要求。

(5)安装就位后应对水平度、安装位置、标高进行检查。

(6)叠合梁的临时支撑,应在后浇混凝土强度达到设计要求后方可拆除。

5.2.6　预制叠合板吊装

1. 预制叠合板吊装工艺流程

预制叠合板吊装工艺流程见图5.31。

5.8　叠合板安装动画

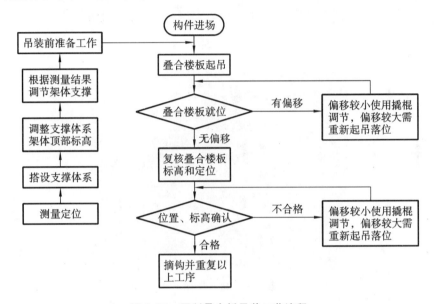

图 5.31　预制叠合板吊装工艺流程

2. 预制叠合板吊装施工步骤

(1)测量定位放线。墙体楼面混凝土达到设计强度后,清理楼面,并根据结构平面布置图,放出定位轴线及叠合楼板定位控制边线,做好控制线标识。

(2)搭设支撑体系同预制叠合梁(图5.32)。

(3)调整支撑体系架体顶部标高。支撑安装先利用手柄将调节螺母旋至最低位置,将上管插入下管至接近所需的高度,然后将销子插入位于调节螺母上方的调节孔内,把可调钢支顶移至工作位置,搭设支架上部工字钢梁,旋转调节螺母,调节支撑使铝合金工字钢梁上口标高至叠合梁底标高,待预制梁底支撑标高调整完毕后进行吊装作业。

(4)叠合楼板吊装(图5.33)。支撑体系搭设完毕后,将叠合楼板从运输构件车辆上或预制构件堆放场地挂钩起吊至操作面。叠合楼板吊装时,为了避免因局部受力不均造成叠合楼板出现裂纹甚至断裂现象,叠合楼板吊装应采用专用吊架(即叠合构件用自平衡吊架),吊架由工字钢焊接而成,并设置有专用吊耳和滑轮组,专用于预制叠合板类构件的吊装,通过滑轮组实现构件起吊后的水平自平衡。

图 5.32　预制叠合楼板支撑体系搭设

图 5.33　叠合楼板吊装

　　(5)叠合楼板就位(图 5.34)。叠合楼板吊装至楼面 500 mm 时,停止降落,操作人员稳住叠合楼板,参照墙顶垂直控制线和下层板面上的控制线,引导叠合楼板缓慢降落至支撑上方,调整叠合楼板位置,根据板底标高控制线检查标高。待构件稳定后,方可进行摘钩和校正。

图 5.34　叠合楼板就位

(6)叠合楼板校正(图5.35)。吊装前摘钩后,根据预制墙体上弹出的水平控制线及竖向楼板定位控制线,校核叠合楼板水平位置及竖向标高情况。通过调节竖向独立支撑,确保叠合楼板满足设计标高及质量控制要求;通过撬棍调节叠合楼板水平定位,确保叠合楼板满足设计图纸水平定位及质量控制要求。

图5.35 叠合楼板校正

调整楼板水平定位时,撬棍应配合垫木使用,避免损伤预制楼板边角。

调整完成后应检查楼板吊装定位是否与定位控制线存在偏差。采用铅垂线和靠尺进行检测,如偏差仍超出设计及质量控制要求,或偏差影响到周边叠合梁、叠合楼板的吊装,应对该叠合楼板进行重新起吊落位,直到通过检验为止。

3. 叠合楼板底板吊装注意事项

(1)预制底板吊装完后应对板底接缝高差进行校核;当叠合板板底接缝高差不满足设计要求时,应将构件重新起吊,通过可调托座进行调节。

(2)预制底板的接缝宽度应满足设计要求。

(3)临时支撑应在后浇混凝土强度达到设计要求后方可拆除。

习 题

1. 填空题

(1)预制构件之间连接有( )、( )、( )连接等方式。

(2)预制构件起吊用钢丝绳吊索主要有( )、( )、( )三类。

(3)起吊预制构件用钢丝绳,绳径局部增大达原直径( )%;直径减少,少于公称直径的( )%时,就应该报废。

(4)梁式吊具本体焊缝中,( )焊缝每6个月应进行一次无损探伤,( )每6个月进行一次外观及焊脚尺寸检查。

(5)框型吊具主要用于( )、( )、空调板构件吊装。

(6)鸭嘴吊扣主要用于吊装过程中连接( )与( )。

(7)万向吊环主要用于吊装过程中连接( )与吊点处预埋( )。

(8)装配式建筑施工宜采用建筑信息模型技术对施工( )及( )进行信息化模拟。

(9)预制柱吊装时,先由专业测量员放出测量定位控制(　　　)、预制柱定位(　　　)及(　　　),并做好标识。

(10)预制柱吊装时,应先检查预留钢筋(　　　)、(　　　)、钢筋预留(　　　)。

(11)预制柱吊装安装斜支撑后,应检查预制柱(　　　)、(　　　)及(　　　)准确无误后紧固斜向支撑,卸去吊索卡环。

(12)墙板吊装顺序是与现浇部分连接的墙板宜先行吊装,其他宜按照(　　　)先行吊装的原则进行吊装。

2. 单选题

(1)预制构件吊装时,始终要使吊索的合力作用线通过构件的(　　　)。

A. 中心　　　　　　　　B. 形心　　　　　　　　C. 重心　　　　　　　　D. 外边线

(2)采用钢丝绳吊运重物时,安全系数一般不小于(　　　)。

A. 2　　　　　　　　　B. 3　　　　　　　　　C. 4　　　　　　　　　D. 5

(3)梁式吊具主要用于(　　　)、飘窗、PCF 板等构件吊装。

A. 预制剪力墙　　　　　B. 叠合板　　　　　　　C. 预制阳台　　　　　　D. 空调板

(4)吊具进场前,应具备产品出厂合格证及相应的(　　　)。

A. 产品说明书　　　　　　　　　　　　　B. 荷载检测报告

C. 焊缝探伤检测报告　　　　　　　　　　D. 质量检测报告

(5)起重预制构件使用吊链时,其产品安全系数不应低于(　　　)。

A. 5　　　　　　　　　B. 6　　　　　　　　　C. 7　　　　　　　　　D. 8

(6)D 型卸扣的扣体和轴销任何一处截面磨损量达原尺寸的(　　　)%以上时,就应该报废。

A. 10　　　　　　　　　B. 20　　　　　　　　　C. 30　　　　　　　　　D. 40

(7)装配式框架结构吊装柱时,应按照(　　　)顺序安装,与现浇部分连接的柱宜先行吊装。

A. 边柱、角柱、中柱　　　　　　　　　　B. 角柱、边柱、中柱

C. 中柱、边柱、角柱　　　　　　　　　　D. 中柱、角柱、边柱

(8)预制柱的安装顺序正确的是(　　　)。

A. 起吊、测量放线、校正固定、安装斜支撑

B. 测量放线、起吊、校正固定、安装斜支撑

C. 起吊、测量放线、安装斜支撑、校正固定

D. 测量放线、起吊、安装斜支撑、校正固定

(9)预制梁的安装顺序宜遵循(　　　)的原则。

A. 先主梁后次梁、先低后高　　　　　　　B. 先次梁后主梁、先低后高

C. 先主梁后次梁、先高后低　　　　　　　D. 先次梁后主梁、先高后低

(10)预制叠合板的吊装顺序正确的是(　　　)。

A. 起吊、测量放线、校正固定、安装斜支撑

B. 测量放线、起吊、校正固定、安装斜支撑

C. 起吊、测量放线、安装斜支撑、校正固定

D. 测量放线、安装斜支撑、起吊、校正固定

3. 判断题

(1)钢丝绳直径尺寸小于原始直径的 70%,但钢丝绳没有钢丝断裂时,钢丝绳可以继续使用。　　　　　　　　　　　　　　　　　　　　　　　　　　　　　(　　)

(2)钢丝绳内部发生锈蚀时就应该报废。　　　　　　　　　　　　　　　(　　)

(3)吊链端部的吊钩,开口度比原尺寸增加 6%,则该吊链应该报废。　(　　)

(4)吊链原长度为 5 m,使用后该吊链伸长到 5.02 m,该吊链达到了报废标准。
　　　　　　　　　　　　　　　　　　　　　　　　　　　　　　　　(　　)

(5)鸭嘴吊扣必须按照产品标识示意受力方向安装吊扣,禁止吊具与吊环垂直受力。
　　　　　　　　　　　　　　　　　　　　　　　　　　　　　　　　(　　)

(6)鸭嘴吊扣使用时间超过两年就应该报废。　　　　　　　　　　　　(　　)

(7)采用万向吊环起吊构件时,应该在吊环与起吊物体之间放置垫片、隔片等其他配件对物体进行保护。　　　　　　　　　　　　　　　　　　　　　　　　(　　)

(8)预制墙板吊装时,用长支撑调节墙板位置,用短支撑调整墙板垂直度。　(　　)

(9)为了避免因局部受力不均造成叠合楼板出现裂纹甚至断裂现象,叠合楼板吊装应采用框型吊具。　　　　　　　　　　　　　　　　　　　　　　　　　　(　　)

(10)预制梁的安装应采用装配式结构独立钢支撑系统进行支撑。　　　(　　)

6 装配式建筑节点连接施工

装配式建筑就是将预制构件在施工现场进行连接,形成一个结构整体。装配式建筑的连接包括钢筋之间的连接和混凝土之间的连接。

装配式建筑结构中,节点及接缝处的钢筋连接宜采用机械连接、套筒灌浆连接及焊接连接,也可采用浆锚连接。剪力墙竖缝处,钢筋宜锚入现浇混凝土中;剪力墙水平接缝及框架柱接头,钢筋宜采用套筒灌浆连接或者浆锚连接。

混凝土之间的连接,大多数采用后浇带现浇混凝土连接,剪力墙的水平缝采用灌浆连接。混凝土之间的灌浆连接一般与浆锚连接和套筒灌浆连接同时进行,浆锚孔或套筒与混凝土接缝连通,在浆锚连接或套筒灌浆连接灌浆时,同时将混凝土之间的接缝灌满,完成灌浆连接。

6.1 浆 锚 连 接

6.1.1 浆锚连接简介

浆锚连接是钢筋之间的连接,包括金属波纹管浆锚连接和螺旋钢筋浆锚连接,两种浆锚灌浆连接施工方法相同,都是在预制构件时预留孔洞,施工时将预留钢筋插入预留孔洞中,通过向预留的灌浆孔灌浆直至灌满,经过养护达到设计强度。

6.1.2 浆锚连接施工方法

浆锚连接施工步骤包括清理界面、分仓及封堵、灌浆料的制备、注浆孔封堵、注浆、出浆孔封堵、养护等。具体操作过程与套筒灌浆施工方法相同。

6.2　套筒灌浆连接

6.2.1　套筒灌浆连接简介

套筒灌浆连接是带肋钢筋插入内腔为凹凸表面的灌浆套筒,通过向套筒与钢筋的间隙灌注专用高强水泥基灌浆料,灌浆料凝固后将钢筋锚固在套筒内而实现的一种钢筋连接技术。该连接方式是将灌浆套筒预埋在混凝土构件内,在安装现场从预制构件表面通过注浆管将灌浆料注入套筒,完成预制构件钢筋的连接,是预制构件中受力钢筋的主要连接形式,主要用于各种装配式混凝土结构的受力钢筋的连接。

钢筋套筒灌浆连接接头由钢筋、灌浆套筒、灌浆料三部分组成,其中灌浆套筒(图6.1)分为半灌浆套筒和全灌浆套筒,半灌浆套筒连接的接头一端为灌浆连接,另一端为机械连接;全灌浆套筒连接的接头两端均为灌浆连接。

(a)半灌浆套筒　　　　　　　　　　(b)全灌浆套筒

图 6.1　灌浆套筒

6.2.2　套筒灌浆连接施工工艺流程

套筒灌浆连接施工工艺流程见图6.2。

**6.1　构件灌浆工
艺流程动画**

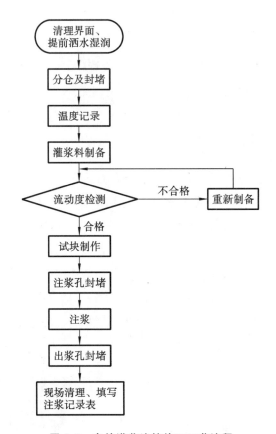

图 6.2　套筒灌浆连接施工工艺流程

6.2.3　套筒灌浆连接施工步骤

6.2　构件灌浆施工视频

1. 作业准备

(1)灌浆作业前应制定灌浆操作的专项质量保证措施。灌浆施工的操作人员应经专业培训后上岗。

(2)套筒灌浆连接应采用由接头型式检验确定的相匹配的灌浆套筒、灌浆料。预制构件内已安装的灌浆套筒,其接头型式检验报告中的灌浆料为首选材料。灌浆料使用及灌浆连接应符合接头提供单位的技术要求。

(3)施工现场灌浆料宜存储在室内,并采取有效的防雨、防潮、防晒措施,避免灌浆料受潮失效。灌浆料使用时应检查产品包装上印制的有效期和产品的外观,无过期和异常后方可开袋使用。

(4)每工作班应检查灌浆料拌合物初始流动度不少于 1 次,确认合格后,方可用于灌浆;留置灌浆料强度检验试件的数量应符合验收及施工控制要求。

2. 分仓及封堵

(1)预制构件安装校正固定稳妥后,使用风机清理预留板缝,并用水将封堵部位润湿,周边的缝隙用 1∶2.5 水泥砂浆填塞密实、抹平,砂浆内掺加水泥用量 10% 的 107 胶。当缝隙宽大于 3 cm 时,应用 C20 细石混凝土浇筑密实。塞缝作业时应注意避免堵塞注浆孔及灌浆连通腔。具体见图 6.3。

图 6.3　预制构件接缝封堵

(2)预制墙板封堵时采用分仓处理,将墙体按照 60 cm 长度进行分仓,分仓节点采用长度 40 cm、直径 25 mm 的蛇皮软管进行分隔。墙体外侧封堵时为填抹密实并防止封堵过深堵住套筒里孔,里侧采用直径 18 mm 的蛇皮管做内衬,封堵完毕后及时将内衬抽出,抽出内衬时尽量不扰动抹好的封堵材料。

3. 拌制灌浆料

灌浆料的拌合用水应符合《混凝土用水标准》(JGJ 63—2006)的有关规定及产品说明书的要求;拌合水量应按灌浆料使用说明书求确定,并按重量计量。灌浆料拌合应采用电动设备。拌制灌浆料,首先将全部拌合用水加入搅拌桶,然后加入约为 70% 的灌浆干粉料,搅拌至大致均匀(1～2 min),最后将剩余干料全部加入,再搅拌 3～4 min 至浆体均匀,静置 2～3 min 排气,使浆料气泡自然排出后使用,然后注入灌浆泵中进行灌浆作业。具体见图 6.4。

图 6.4　拌制灌浆料

4. 流动度检测

准备好玻璃板和截锥圆模,将玻璃表面和试模内表面湿润但不得有明水;把试模放置于玻璃中间;将灌浆料浆体倒入截锥圆模内,直至与截锥圆模上口平齐;慢慢提起截锥圆模,让浆体在无扰动的条件下自由流动直至停止;测量浆体最大扩散直径及与其垂直的直径,计算平均值,精确到 1 mm,作为流动度,应在 6 min 内完成上述搅拌和测量过程;流动度不小于 300 mm 为合格。具体见图 6.5。

5. 注浆作业

砂浆封堵 45 min 后可开始进行灌浆作业,宜采用机械灌浆(图 6.6)。同一分仓要求注浆连续进行,每次拌制的浆料需在 30 min 内用完。注浆封堵宜采用专用橡胶塞封堵。

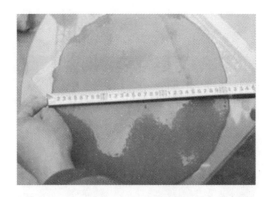

图 6.5 流动度测量

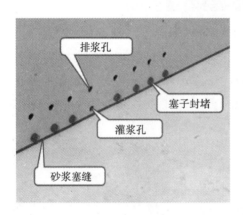

图 6.6 套筒机械注浆

竖向钢筋套筒灌浆连接,灌浆应采用压浆法从灌浆套筒下方灌浆孔注入,当灌浆料从构件其他灌浆孔、出浆孔流出后应及时封堵。

竖向钢筋套筒灌浆连接采用连通腔灌浆时,宜采用一点灌浆的方式。当一点灌浆遇到问题而需要改变灌浆点时,各套筒已封堵灌浆孔、出浆孔应重新打开,待灌浆料拌合物再次流出后进行封堵。

水平钢筋套筒灌浆连接,灌浆作业应采用压浆法从灌浆套筒灌浆孔注入,当灌浆套筒灌浆孔、出浆孔的连接管或连接头处的灌浆料拌合物均应高于套筒外表面最高点时应停止灌浆,及时封堵。

6. 试块制作

灌浆料需要在现场制作试块(图 6.7),每个施工段最少留置一组灌浆试块,每个楼层最少三组。用三联强度模做标准养护试块,抗压强度试件采用尺寸为 40 mm×40 mm×160 mm 的棱柱体,灌浆料在试模内成型后在室内静置 2 h,然后移入养护箱内标准养护28 d 后进行抗压强度试验。

7. 养护

节点灌浆后,灌浆料同条件养护试块强度达到 35 MPa 后方可进入后续工序施工,避免对构件扰动。通常,环境温度在 15 ℃以上时,24 h 内构件不得受扰动;环境温度在 5～

图 6.7 灌浆料试块的制作

15 ℃,48 h 内构件不得受扰动;环境温度在 5 ℃以下,视情况而定,如对构件接头部位采取加热保稳措施,要保持加热 5 ℃以上至少 48 h,其间构件不得受扰动。拆支撑要根据设计荷载情况确定。

6.2.4 套筒灌浆施工注意事项

(1)钢筋套筒灌浆前,应有钢筋套筒型式检验报告及工艺检验报告,应在施工现场模拟构件连接接头的灌浆方式,每种规格钢筋应制作不少于 3 个套筒灌浆连接接头,进行灌注质量以及接头抗拉强度的检验及工艺检验;当工艺检验及检验报告有较大差异时,应再次进行工艺检验,经检验合格后,方可进行灌浆作业。

(2)预留连接钢筋位置和长度应满足设计要求。

(3)每块预制墙板套筒连接灌浆时,为保证灌浆饱满及灌浆操作的可行性,应合理划分连通灌浆区域;每个区域除预留灌浆孔、出浆孔与排气孔,应形成密闭空腔,不应漏浆。

灌浆施工时,环境温度应符合灌浆料产品使用说明书要求。灌浆施工时环境温度应高于 5 ℃,必要时应对连接处采取保温加热措施,保证浆料在 48 h 凝结硬化过程中连接部位温度不低于 10 ℃,低于 0 ℃时不得施工,当环境温度高于 30 ℃时,应采取降低灌浆料拌合物温度的措施。

(4)对首次施工,宜选择有代表性的单元或部位进行试制作、试安装、试灌浆。

(5)灌浆操作全过程应有专职检验人员负责现场监督并及时形成施工检查记录,并做好灌浆作业全过程影像记录,保证全过程可追溯。

(6)预制构件就位前,先检查下列内容。

①套筒、预留孔的规格、位置、数量和深度。

②被连接钢筋的规格、数量、位置和数量;当套筒、预留孔内有杂物时,应清理干净;当连接钢筋倾斜时,应进行校直。连接钢筋偏离套筒或孔洞中心线不宜超过 2 mm。

③钢筋套筒灌浆连接接头应按检验批划分要求及时灌浆。

(7)灌浆料搅拌完成后,任何情况下不得再次加水,散落的拌合物不得二次使用,剩余的拌合物不得再次添加灌浆料、水后混合使用。

（8）灌浆施工应采用一点灌浆的方式进行；当一点灌浆遇到问题而需要改变灌浆点时，各灌浆套筒已封堵灌浆孔、出浆孔的，应重新打开，待灌浆料拌合物再次流出后进行封堵。

（9）当灌浆施工出现无法出浆的情况时，对于未密实饱满的竖向连接灌浆套筒，当在灌浆料加水拌和 30 min 内时，应首选在灌浆孔补灌；当灌浆料拌合物已无法流动时，可以在出浆孔补灌，应采用手动设备结合细管压力灌浆。补灌应在灌浆料拌合物达到设计规定的位置后停止，并应在灌浆料凝固后再次检查其位置符合设计要求。灌浆料同条件养护试件抗压强度达到 35 MPa 后，方可进行对接头有扰动的后续施工；临时固定措施的拆除应在灌浆料抗压强度能确保结构达到后续施工承载要求后进行。

6.3　后浇混凝土连接

后浇混凝土包括竖向后浇带、水平后浇带、和叠合板、叠合梁后浇混凝土。后浇混凝土中钢筋、模板、混凝土除了要满足本节规定，尚应符合国家现行标准《混凝土结构工程施工规范》（GB 50666—2011）、《预应力混凝土结构设计规范》（JGJ 369—2016）、《钢筋套筒灌浆连接应用技术规程》（JGJ 355—2015）等的有关规定。当采用自密实混凝土时，尚应符合现行行业标准《自密实混凝土应用技术规程》（JGJ/T 283—2012）的有关规定。

6.3　竖向结构现浇混凝土施工动画

6.3.1　后浇混凝土连接工艺流程

后浇混凝土连接施工工艺流程如图 6.8 所示，如果是叠合板接缝，则是先支模板然后安装钢筋。

6.3.2　后浇混凝土施工准备工作

1. 技术准备

后浇混凝土施工前应先对图纸进行技术交底，再编制施工方案，模板工程应编制专项施工方案。

2. 材料准备

后浇混凝土施工的主要材料有钢筋、模板、混凝土。

（1）后浇带钢筋宜采用专业化生产的成型钢筋，同一厂家、同一类型且同一钢筋来源的成型钢筋，不超过 30 t 为一批，每批中每种钢筋牌号、规格均应至少抽取 1 个钢筋试件，总数不应少于 3 个，进行屈服强度、抗拉强度、伸长率、外观质量、尺寸偏差和重量偏差检验，检验结果应符合国家现行有关标准的规定。对于进场的钢筋原材料应进行进场检验，质量满足国家规范要求方可用于施工。

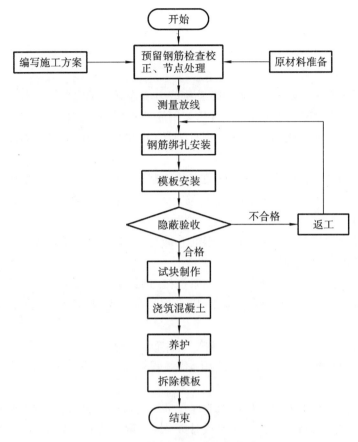

图 6.8 后浇混凝土连接工艺流程

（2）模板应选用轻质、高强、耐用定型模板。模板及支架应根据施工过程中的各种工况进行设计，应具有足够的承载力和刚度，并应保证其整体稳定性。

（3）后浇混凝土宜采用预拌混凝土，混凝土拌合物工作性能应符合设计和现行相关标准规定，应进行现场验收。

6.4 水平结构现浇混凝土施工动画

3. 现场准备

（1）测量放线。根据后浇带设计位置，画出后浇带的水平位置、标高。

（2）结合面的处理。预制构件结合面疏松部分的混凝土应剔除，与现浇混凝土连接的结合面的混凝土应进行凿毛处理并清理干净。

（3）预留钢筋的处理。后浇带后预留的钢筋在施工之前应检查钢筋位置、数量、规格、长度、垂直度等，对偏差超过允许范围的钢筋进行纠偏处理，对生锈的钢筋采用钢丝刷或钢丝轮进行除锈并清理干净。

6.3.3 钢筋工程

1.钢筋连接

(1)钢筋连接可选用搭接连接、焊接连接或机械连接。钢筋连接接头设置应符合现行标准规定。

(2)叠合板吊装前,宜采取有效措施避免剪力墙连梁上部钢筋影响叠合板安装。

(3)叠合板上部钢筋绑扎前,应检查桁架钢筋的位置,并设置支撑马凳。

(4)叠合板上预制墙板斜支撑的预埋件安装、定位应准确,预埋件的连接部位应做好防污染措施。

(5)剪力墙构件连接节点区域的钢筋安装应制定合理的工艺顺序,保证水平钢筋安装位置准确;连接节点加密区宜采用封闭箍筋。对于带保温层的构件,箍筋不得采用焊接连接。

(6)当预制构件锚筋与后浇混凝土钢筋有冲突时,应由设计单位采取相应措施进行处理,不得随意切割、弯折钢筋。

(7)位于后浇混凝土内的钢筋套筒灌浆连接、钢筋浆锚连接接头的预留钢筋位置应准确,外露长度符合设计要求且不得弯曲;应采取可靠的保护措施,防止钢筋污染、偏移、弯曲。

(8)预应力预制构件,其预应力钢筋施工需符合现行国家、行业等相关规范规定。

(9)若构件内置防雷、接地等连接端子,需按设计进行可靠连接。

2.钢筋定位

(1)位于后浇混凝土内的连接钢筋应埋设准确,锚固方式应符合设计要求。

(2)构件交接处的钢筋位置应符合设计要求,当设计无具体要求时,应保证主要受力构件和构件中主要受力方向的钢筋位置,并符合下列规定:

①框架节点处梁纵向受力钢筋宜置于柱纵向钢筋内侧;

②当主次梁底部标高相同时,次梁下部钢筋应放在主梁下部钢筋之上;

③剪力墙中水平分布钢筋宜放在外侧,并宜在墙端弯折锚固。

(3)后浇混凝土内钢筋连接接头的预留钢筋定位精度要求如下:

①位于后浇混凝土内的连接接头的预留钢筋应采用专用定位模具对其中心位置进行控制,应采用可靠的固定措施对连接钢筋的外露长度进行控制;

②定位钢筋中心位置存在细微偏差时,可采用套管方式进行细微调整;

③定位钢筋中心位置存在严重偏差影响到预制构件安装时,应会同设计单位制定专项处理方案,严禁切割、强行调整定位钢筋。

(4)预留于预制构件内的连接钢筋的外露部分钢筋应防止弯曲变形,并在预制构件吊装完成后,对其位置进行校核与调整。

(5)应采用可靠的保护措施,防止混凝土浇筑时污染定位钢筋,防止定位钢筋整体偏移。

(6)预制梁柱节点区的钢筋安装时,应符合以下规定:

①叠合梁采用封闭箍筋时,梁上部纵向钢筋应在构件厂预穿入箍筋内,随预制梁一同

安装就位；

②叠合梁采用封闭箍筋的预制梁柱节点，节点区柱箍筋应在构件厂预先安装于预制梁钢筋上，随预制梁一同安装就位；

③叠合梁采用开口箍筋时，梁上部纵向钢筋应采用现场安装方式。

(7)叠合板上部钢筋可采用成品钢筋网片的整体安装方式。

(8)采用预应力筋连接的构件，其周边结构不应影响其锚固、张拉、灌浆等作业。

6.3.4 模板工程

1.一般规定

(1)模板与支撑体系应保证工程结构和构件的各部分形状尺寸、相对位置的准确，且便于钢筋的安装和混凝土浇筑、养护。

(2)预制构件应预留与模板连接用的孔洞、螺栓，预留位置与模板模数相符并便于模板安装。

(3)预制构件接缝处模板宜选用工具式模板，并与预制构件可靠连接，模板安装应牢固，模板拼缝应严密、平整、不漏浆。

(4)模板与混凝土的接触面应涂隔离剂脱模，宜选用水性脱模剂，严禁隔离剂污染钢筋与混凝土接槎处。脱模剂不影响脱模后混凝土的表面观感及饰面施工。

(5)在混凝土浇筑前，模板以及叠合类构件内的杂物应清理干净，模板安装和混凝土浇筑时，应确保模板及其支撑体系的质量及安全性能符合要求。

(6)对于清水混凝土工程及装饰混凝土工程，应使用能达到设计效果的模板，且应与预制部分外观效果一致。

2.模板与支撑安装

(1)预制叠合板类构件模板安装与支架应符合下列规定：

①预制叠合板支架形式应与预制构件匹配，且符合施工方案要求；

②预制叠合板下部支架宜选用定型独立钢支撑，竖向支架间距应根据设计及施工荷载验算确定；

③在水平支架上安装预制叠合板时，应顺序铺设，避免集中堆载、机械振动影响支撑体系；

④安装预制叠合板的现浇混凝土剪力墙结构，宜采取措施控制叠合板底标高，浇筑混凝土前应按设计标高进行调整后固定定位。

(2)预制叠合梁模板安装与支架应符合下列要求：

①预制叠合梁下部的竖向支架可采取点式支架，支架间距应根据设计及荷载验算确定；叠合梁与现浇部位的交接处，应增设竖向支架杆件；

②预制叠合梁竖向支架宜选用定型独立钢支柱。

(3)预制墙板模板安装应符合下列规定：

①预制墙板拼接水平节点采用定型模板时，宜采用螺栓连接或预留孔洞拉结的方式与预制构件连接可靠，模板与预制构件间、构件与构件之间应粘贴密缝胶条；

②定型模板应避开预制墙板下部灌浆所需预留孔洞；

③预制墙板竖向后浇节点也可采用预制混凝土外墙模板,预制混凝土外墙模板应与内侧模板或相邻构件连接牢固;

④相邻预制混凝土模板之间拼缝宽度宜设置为 20 mm,并采取可靠的密缝防漏浆措施;

⑤预制构件临时固定措施的安装质量应符合施工方案的要求。

(4)后浇混凝土模板安装的偏差应符合表 6.1 的规定。

表 6.1 后浇混凝土模板安装允许偏差

项目		允许偏差/mm	检验方法
轴线位置		5	尺量检查
底模上表面标高		±5	水准仪或拉线、尺量检查
截面内部尺寸	柱、梁	+4,−5	尺量检查
	墙	+4,−3	尺量检查
层高垂直度	不大于 5 m	6	经纬仪或吊线、尺量检查
	大于 5 m	8	经纬仪或吊线、尺量检查
相邻两板表面高低差		2	尺量检查
表面平整度		5	2 m 靠尺和塞尺检查

3. 模板与支撑拆除

(1)模板拆除时,宜先拆除非承重模板,后拆承重模板,并应从上而下进行拆除。

(2)模板拆除时,其混凝土强度应满足规范和设计相关要求。

(3)模板拆除时,不应对楼层形成冲击荷载。拆除的模板和支架宜分散堆放并及时清运。

(4)多个楼层间连续支模的底层支架拆除时间,应根据连续支模的楼层间荷载分配和混凝土强度的增长情况确定。

(5)快拆支架体系的支架立杆间距不应大于 2 m。拆模时应保留立杆并顶托支承楼板,拆模时的混凝土强度应满足现行规范的相关规定。

(6)预制墙板斜支撑宜在现浇墙体混凝土模板拆除前拆除。

6.3.5 混凝土工程

后浇混凝土包括叠合层(叠合梁和叠合板)混凝土和节点后浇混凝土,其原材料以及运输、浇筑,除了需要满足《混凝土结构工程施工规范》(GB 50666—2011)的要求,还需要满足以下要求。

1. 叠合层混凝土

(1)叠合层混凝土浇筑施工前应进行钢筋工程隐蔽验收,浇筑前应清除叠合面上的杂物、浮浆及松散骨料,表面干燥时应洒水湿润,洒水后表面不得有积水。

(2)叠合层混凝土浇筑时宜采取由中间向两边的浇筑方式。

(3)叠合层与现浇构件交接处混凝土应加密振捣点,并适当延长振捣时间。

（4）叠合层混凝土浇筑时，不应移动预埋件的位置，且不得污染预埋件连接部位。

（5）叠合层混凝土同条件养护试件抗压强度符合《混凝土结构工程施工规范》（GB 50666—2011）的相关要求后，方可拆除下一层支撑。

（6）叠合层混凝土浇筑完成后可采取洒水、覆膜、喷涂养护剂等养护方式，养护时间不宜少于 14 d。

（7）叠合构件现浇混凝土分段施工应符合设计及施工方案要求。

2. 节点后浇混凝土

（1）预制构件现浇节点混凝土施工应符合下列规定：

①连接节点、水平拼缝应连续浇筑，边缘构件、竖向拼缝应逐层浇筑，并采取保证混凝土或砂浆浇筑密实的措施；

②预制构件接缝处混凝土浇筑时，连接节点处混凝土应加密振捣点，并适当延长振捣时间；

③混凝土或砂浆的强度达到设计要求后，方可承受全部设计荷载。

（2）预制楼梯与现浇梁板采用预埋件焊接连接时，应先施工梁板，后放置、焊接楼梯；采用锚固钢筋连接时，应先放置楼梯，后施工梁板。

（3）预制梁、柱混凝土强度等级不同时，预制梁柱节点区混凝土应按强度等级高的混凝土浇筑。

（4）混凝土浇筑应布料均衡。浇筑和振捣时，应对模板及支架进行观察和维护，发生异常情况应及时处理。构件接缝混凝土浇筑和振捣应采取措施防止模板、相连接构件、钢筋、预埋件及其定位件移位。

（5）预制构件接缝混凝土浇筑完成后可采取洒水、覆膜、喷涂养护剂等养护方式，养护时间不宜少于 14 d。

习 题

1. 填空题

（1）半灌浆套筒连接的接头一端为（ ）连接，另一端为（ ）连接。

（2）拌制灌浆料，首先将全部拌合用水加入搅拌桶，然后加入约为（ ）的灌浆干粉料，搅拌至大致均匀，最后将剩余干料（ ）加入，再搅拌至浆体均匀，静置 2～3 min 排气。

（3）套筒灌浆料抗压强度试件尺寸为（ ）mm×（ ）mm×（ ）mm 的棱柱体。

（4）套筒灌浆后需要养护不得扰动，一般 15 ℃以上养护时间为（ ），15 ℃以下养护时间是（ ）。

（5）套筒灌浆施工时环境温度应高于（ ），必要时应对连接处采取保温加热措施。

（6）套筒灌浆在养护时，保证浆料在 48 h 凝结硬化过程中连接部位温度不低于（ ）。

（7）后浇混凝土施工的模板及支架应具有足够的（ ）和（ ），并应保证其整体稳定性。

(8)后浇混凝土的相邻预制混凝土模板之间拼缝宽度宜设置为(　　　),并采取可靠的密缝防漏浆措施。

(9)套筒灌浆连接时,灌浆料同条件养护试件抗压强度达到(　　　)后,方可进行对接头有扰动的后续施工。

(10)灌浆料需要在现场制作试块,每个施工段最少留置(　　　)灌浆试块,每个楼层最少(　　　)。

2. 单选题

(1)套筒灌浆施工时,每工作班应检查灌浆料拌合物(　　　)不少于1次。

A. 强度　　　　　　B. 安定性　　　　　　C. 初始流动度　　　D. 凝结时间

(2)预制墙板水平缝厚度小于3 cm时应采用(　　　)进行封堵。

A. 石灰砂浆　　　　B. 水泥砂浆　　　　　C. 混合砂浆　　　　D. 细石混凝土

(3)测量灌浆料形成的圆饼直径时,最大直径是350 mm,最小直径是280 mm,与最大和最小直径垂直方向直径分别是300 mm和320 mm,则该灌浆料流动度是(　　　)mm。

A. 325　　　　　　　B. 300　　　　　　　C. 350　　　　　　　D. 280

(4)套筒灌浆连接,在灌浆料同条件养护试块强度达到(　　　)MPa后方可进入后续工序施工。

A. 20　　　　　　　B. 30　　　　　　　C. 35　　　　　　　D. 40

(5)叠合层混凝土浇筑时宜采取由(　　　)的浇筑方式。

A. 从一端向另一端　　　　　　　　　B. 两端向中间

C. 中间向两端　　　　　　　　　　　D. 都可以

(6)后浇混凝土浇筑完后可采用洒水、覆膜等方式养护,养护时间不少于(　　　)d。

A. 3　　　　　　　　B. 5　　　　　　　　C. 7　　　　　　　　D. 14

(7)快拆支架体系的支架立杆间距不应大于(　　　)m。

A. 1　　　　　　　　B. 1.5　　　　　　　C. 2　　　　　　　　D. 2.5

(8)后浇带混凝土模板拆除时,宜先拆除(　　　)模板,并应从上而下进行拆除。

A. 承重　　　　　　B. 非承重　　　　　　C. 底部　　　　　　D. 受力大的

(9)预制梁、柱混凝土强度等级不同时,预制梁柱节点区后浇混凝土应按(　　　)的混凝土浇筑。

A. 梁　　　　　　　B. 柱　　　　　　　C. 强度等级低　　　D. 强度等级高

3. 判断题

(1)剪力墙长度不超过2 m时,可以不分仓,一次性将接缝灌满灌浆料。　　(　　　)

(2)同一分仓要求注浆连续进行,每次拌制的浆料需在30 min内用完。　　(　　　)

(3)竖向钢筋套筒灌浆连接,灌浆应采用压浆法从灌浆套筒上方孔注入。　(　　　)

(4)灌浆施工时环境温度应高于5 ℃,低于5 ℃时不得施工。　　　　　　(　　　)

(5)套筒灌浆料每次使用前必须要测一次流动度,流动度大于等于300 mm为合格。

(　　　)

(6)套筒灌浆施工时,一个分仓不论有多少个套筒都可以从一个灌浆孔注浆。(　　　)

(7)套筒灌浆料搅拌完成后,应尽快用完,发现灌浆料流动度不够应加水再次搅拌,达

到流动度要求后方可继续使用。 （ ）

（8）当预制构件锚筋与后浇混凝土钢筋有冲突时，可弯折钢筋避免冲突，不得切割。

（ ）

（9）预制墙板斜支撑宜在现浇墙体混凝土模板拆除前拆除。 （ ）

（10）预制楼梯与现浇梁板采用预埋件焊接连接时，应先放置楼梯，后施工梁板；采用锚固钢筋连接时，应先施工梁板，后放置楼梯。 （ ）

7 装配式建筑质量验收

7.1 预制构件质量验收

7.1.1 预制构件质量验收基本规定

1. 构件生产厂家质量责任

(1)构件生产厂家要根据施工图设计文件、预制构件深化设计文件和相关技术标准编制构件生产制作方案,方案应包含预制构件生产工艺、模具、生产计划、技术质量控制措施、成品保护措施、检测验收、堆放及运输、常见质量问题防治等内容,综合考虑建设单位、监理单位、施工单位关于质量和进度方面的要求,经企业技术负责人审批后实施。

(2)预制构件生产前,生产单位应当就构件生产制作过程关键工序、关键部位的施工工艺向工人进行技术交底;预制构件生产过程中,应当对隐蔽工程和每一检验批按相关规范进行验收并形成纸质验收记录;预制构件施工安装前,设计单位应就关键工序、关键部位的安装注意事项向施工单位进行技术交底。

(3)预制构件用混凝土所需原材料、场地、设备、工具、试验等均应满足相关规定要求。

(4)建立健全原材料质量检测制度,检测程序、检测方案等应符合《建设工程质量检测管理办法》《房屋建筑和市政基础设施工程质量检测技术管理规范》(GB 50618—2011)等现行规范的规定。

(5)建立健全预制构件制作质量检验制度。应与施工单位委托有资质的第三方检测机构对钢筋连接套筒与工程实际采用的钢筋、灌浆料的匹配性进行工艺检验。

(6)建立构件成品质量出厂检验和编码标识制度。应在构件显著位置进行唯一性信息化标识,并提供构件出厂合格证和施工说明书,预制构件出厂前质量检验及信息化标识应满足相关要求。

(7)预制构件存放及运输过程中,应采取可靠措施避免预制构件受损、破坏。

(8)及时收集整理预制构件生产制作过程的质量控制资料,并作为出厂合格证的附件提供给施工单位,生产制作过程按相关规定全程进行信息化管理。

(9)参加首层或首个有代表性施工段试拼装及装配式混凝土结构子分部工程质量验

收,对施工过程所发现的生产问题提出改进措施,及时对预制构件生产制作方案进行调整改进。

2. 构件生产厂家的基本条件和要求

(1)预制构件生产企业应符合相应的资质等级管理要求,并建立完善的预制构件生产质量管理体系,应有预制构件生产必备的试验检测能力。

(2)预制构件加工制作前应审核预制构件加工图,具体内容包括预制构件模具图、配筋图、预埋吊件及有关预埋件布置图等。加工图需要变更或完善时应及时办理变更文件。

(3)预制构件制作前应编制生产方案,具体内容包括生产计划及生产工艺、模具方案及模具计划、技术质量控制措施、成品码放、保护及运输方案等内容。必要时应进行预制构件脱模、吊运、码放、翻转及运输等相关内容的承载力验算。

(4)预制构件生产企业的各种检测、试验、张拉、计量等设备及仪器仪表均应检定合格,并在有效期内使用。

(5)预制构件所用的原材料质量,钢筋加工和焊接的力学性能,混凝土的强度,构件的结构性能,装饰材料、保温材料及拉结件的质量等均应根据现行有关标准进行检查试验,出具试验报告并存档备案。

(6)预制构件制作前,应依据设计要求和混凝土工作性要求进行混凝土配合比设计。必要时在预制构件生产前进行样品试制,经设计和监理认可后方可实施。

(7)预制构件的质量检验应按模具、钢筋、混凝土、预制构件四个检验项目进行,检验时对新制作或改制后的模具、钢筋成品和预制构件应按件检验;对原材料、预埋件、钢筋半成品、重复使用的定型模具等应分批随机抽样检验;对混凝土拌合物工作性及强度应按批检验。

(8)模具、钢筋、混凝土和预制构件的制作质量,均应在班组自检、互检、交接检的基础上,由专职检验员进行检验。

(9)对检验合格的检验批,做出合格标识。

(10)检验资料应完整,主要内容包括混凝土、钢筋及受力埋件质量证明文件、主要材料进场复验报告、构件生产过程质量检验记录、结构试验记录(报告)及必要的试验或检验记录。

(11)质量检验部门应根据钢筋、混凝土、预制构件的试验、检验资料,评定预制构件的质量。当上述各检验项目的质量均合格时,方可评定为合格产品。预制构件部分非主控项目不合格时,允许采取措施维修处理后重新检验,合格后仍可评定为合格。

(12)对合格的预制构件应做出标识,标识内容包括工程名称、构件型号、生产日期、生产单位、合格标识等。

(13)检验合格的预制构件应及时向使用单位出具"预制混凝土构件出厂合格证";不合格的预制构件不得出厂。

(14)预制构件在生产、运输、存放过程中应采取适当的防护措施,防止预制构件损坏或污染。

(15)预制构件出厂必须提供标识与产品合格证。

①预制构件合格后,工厂质检人员应对合格的产品(半成品)签发合格证和说明书,标

识不全的构件不得出厂。

②预制构件应根据构件设计制作及施工要求设置编码系统,并在预制混凝土构件表面醒目位置标注产品代码。

③预制构件编码系统应包括构件型号、质量情况、安装部位、外观尺寸、生产日期(批次)、出厂日期及"合格"字样。

④对具备条件的厂家,构件可同时进行表面喷涂和埋置 RFID(无线射频)芯片两种形式标识。编码应在构件右下角表面醒目位置标识,RFID 芯片埋置位置应与表面喷涂位置一致。

⑤预制构件出厂交付时,应向使用方提供的验收资料有:隐蔽工程质量验收表,成品构件质量验收表,钢筋进厂复验报告,混凝土留样检验报告,保温材料、拉结件、套筒等主要材料进厂复验检验报告,产品合格证,其他相关质量证明文件等。

7.1.2 模具质量验收

1. 一般规定

(1)模具应具有足够的承载力、刚度和稳定性,保证构件生产时能承受浇筑混凝土的重量、侧压力及施工荷载。

(2)模具应装拆方便,并应满足预制构件质量、生产工艺和周转次数等要求,便于钢筋安装和混凝土浇筑、养护。

(3)隔离剂应具有良好的隔离效果,不得影响脱模后混凝土表面的后期装饰。

(4)结构造型复杂、外型有特殊要求的模具应制作样板,经检验合格后方可批量制作。

2. 主控项目

(1)模具各部件之间应连接牢固,接缝应紧密,附带的埋件或工装应定位准确,安装牢固。

(2)用作底模的台座、胎模、地坪及铺设的底板等应平整光洁,不得有下沉、裂缝、起砂和起鼓;模具应保持清洁,涂刷脱模剂、表面缓凝剂时应均匀、无漏刷、无堆积,且不得沾污钢筋,不得影响预制构件外观效果。

(3)应定期检查侧模、预埋件和预留孔洞定位措施的有效性;应采取防止模具变形和锈蚀的措施;重新启用的模具应检验合格后方可使用。

(4)模具与平模台间的螺栓、定位销、磁盒等固定方式应可靠,防止混凝土振捣成型时造成模具偏移和漏浆。

3. 一般项目

(1)除设计有特殊要求外,预制构件模具尺寸偏差和检验方法应符合表 7.1 的规定。

表 7.1 预制构件模具尺寸允许偏差和检验方法

项次	检验项目、内容		允许偏差/mm	检验方法
1	长度	≤6 m	+1,−2	用尺量平行构件高度方向,取其中偏差绝对值较大处
		>6 m 且≤12 m	+2,−4	
		>12 m	+3,−5	

项次	检验项目、内容		允许偏差/mm	检验方法
2	宽度、高（厚）度	墙板	+1,−2	用尺量两端或中部,取其中偏差绝对值较大处
3		其他构件	+2,−4	
4	底模表面平整度		2	用 2 m 靠尺和塞尺量
5	对角线差		3	用尺量对角线
6	侧向弯曲		$L/1500$ 且$\leqslant$5	拉线,用钢尺量测侧向弯曲最大处
7	翘曲		$L/1500$	对角拉线测量交点间距离值的两倍
8	组装缝隙		1	用塞片或塞尺量测,取最大值
9	端模与侧模高低差		1	用钢尺量

（2）构件上的预埋件和预留孔洞宜通过模具进行定位,并安装牢固,其安装偏差应符合表 7.2 的规定。

表 7.2 模具上预埋件、预留孔洞安装允许偏差

项次	检验项目		允许偏差/mm	检验方法
1	预埋钢板、建筑幕墙用槽式预埋组件	中心线位置	3	用尺量测纵横两个方向的中心线位置,取其中较大值
		平面高差	±2	钢直尺和塞尺检查
2	预埋管、电线盒、电线管水平和垂直方向的中心线位置偏移、预留孔、浆锚搭接预留孔（或波纹管）		2	用尺量测纵横两个方向的中心线位置,取其中较大值
3	插筋	中心线位置	3	用尺量测纵横两个方向的中心线位置,取其中较大值
		外露长度	+10,0	用尺量测
4	吊环	中心线位置	3	用尺量测纵横两个方向的中心线位置,取其中较大值
		外露长度	0,−5	用尺量测
5	预埋螺栓	中心线位置	2	用尺量测纵横两个方向的中心线位置,取其中较大值
		外露长度	+5,0	用尺量测
6	预埋螺母	中心线位置	2	用尺量测纵横两个方向的中心线位置,取其中较大值
		平面高差	±1	钢直尺和塞尺检查

项次	检验项目		允许偏差/mm	检验方法
7	预留洞	中心线位置	3	用尺量测纵横两个方向的中心线位置,取其中较大值
		尺寸	+3,0	用尺量测纵横两个方向尺寸,取其中较大值
8	灌浆套筒及连接钢筋	灌浆套筒中心线位置	1	用尺量测纵横两个方向的中心线位置,取其中较大值
		连接钢筋中心线位置	1	用尺量测纵横两个方向的中心线位置,取其中较大值
		连接钢筋外露长度	+5,0	用尺量测

(3)预制构件中预埋门窗框时,应在模具上设置限位装置进行固定,并应逐件检验。门窗框安装偏差和检验方法应符合7.3的规定。

表7.3 门窗框安装允许偏差和检验方法

项次	检验项目		允许偏差/mm	检验方法
1	锚固脚片	中心线位置	5	钢尺检查
		外露长度	+5,0	钢尺检查
2	门窗框位置		2	钢尺检查
3	门窗框高、宽		±2	钢尺检查
4	门窗框对角线		±2	钢尺检查
5	门窗框的平整度		2	靠尺检查

7.1.3 钢筋及预埋件质量验收

1. 一般规定

(1)钢筋和预埋件施工完后需要进行隐蔽工程检查,项目应包括以下内容。

①钢筋的牌号、规格、数量、位置和间距。

②纵向受力钢筋的连接方式、接头位置、接头质量、接头面积百分率、搭接长度、锚固方式及锚固长度。

③箍筋弯钩的弯折角度及平直段长度。

④钢筋的混凝土保护层厚度。

⑤预埋件、吊环、插筋、灌浆套筒、预留孔洞、金属波纹管的规格、数量、位置及固定措施。

⑥预埋线盒和管线的规格、数量、位置及固定措施。

⑦夹芯外墙板的保温层位置和厚度,拉结件的规格、数量和位置。

⑧预应力筋及其锚具、连接器和锚垫板的品种、规格、数量、位置。

⑨预留孔道的规格、数量、位置,灌浆孔、排气孔、锚固区局部加强构造。

(2)钢筋焊接接头、机械连接接头和套筒灌浆连接接头均应进行工艺检验,检验结果合格后方可进行钢筋连接施工。

(3)采用钢筋机械连接接头及套筒灌浆连接接头的预制构件,应按国家现行相关标准的规定制作接头试件,试验合格后方可用于构件生产。套筒灌浆连接需要进行套筒和灌浆料的型式试验,合格后方可进行套筒灌浆施工。

2.主控项目

(1)钢筋接头的方式、位置、同一截面受力钢筋的接头百分率、钢筋的搭接长度及锚固长度等应符合设计要求或国家现行有关标准的规定。

(2)焊接接头、钢筋机械连接接头、钢筋套筒灌浆连接接头力学性能应符合现行行业标准《钢筋焊接及验收规程》(JGJ 18—2012)、《钢筋机械连接技术规程》(JGJ 107—2016)和《钢筋套筒灌浆连接应用技术规程》(JGJ 355—2015)的有关规定。

(3)钢筋、预应力筋、预埋件等应按国家现行标准的规定进行进场检验,其力学性能和重量偏差应符合设计要求和标准要求。

(4)预应力筋用锚具、夹具和连接器应按国家现行有关标准的规定进行进场检验,其性能应符合设计要求或相关标准的规定。

(5)预埋件用钢材及焊条的性能应符合设计要求。

3.一般项目

(1)钢筋、预应力筋表面应无损伤、裂纹、油污,不应有严重锈蚀。

(2)钢筋成品和钢筋桁架的尺寸偏差应符合表7.4、表7.5的规定。

表7.4 钢筋成品的允许偏差和检验方法

项目		允许偏差/mm	检验方法
钢筋网片	长、宽	±5	钢尺检查
	网眼尺寸	±10	钢尺量连续三挡,取最大值
	对角线	5	钢尺检查
	端头不齐	5	钢尺检查
钢筋骨架	长	0,−5	钢尺检查
	宽	±5	钢尺检查
	高(厚)	±5	钢尺检查
	主筋间距	±10	钢尺量两端、中间各一点,取最大值
	主筋排距	±5	钢尺量两端、中间各一点,取最大值
	箍筋间距	±10	钢尺量连续三挡,取最大值
	弯起点位置	15	钢尺检查
	端头不齐	5	钢尺检查
	保护层 柱、梁	±5	钢尺检查
	保护层 板、墙	±3	钢尺检查

表 7.5　钢筋桁架尺寸允许偏差

项次	检验项目	允许偏差/mm
1	长度	总长度的±0.3%,且不超过±10
2	高度	+1,−3
3	宽度	±5
4	扭翘	≤5

(3)预埋件加工偏差应符合表 7.6 的规定。

表 7.6　预埋件加工允许偏差

项次	检验项目		允许偏差/mm	检验方法
1	预埋件锚板的边长		0,−5	用钢尺量测
2	预埋件锚板的平整度		1	用直尺和塞尺量测
3	箍筋	长度	+10,−5	用钢尺量测
		间距偏差	±10	用钢尺量测

7.1.4　混凝土质量验收

1. 一般规定

(1)混凝土工作性能指标应根据预制构件产品特点和生产工艺确定,混凝土配合比设计应符合国家现行标准《普通混凝土配合比设计规程》(JGJ 55—2011)和《混凝土结构工程施工规范》(GB 50666—2011)的相关规定。

(2)混凝土应采用有自动计量装置的强制式搅拌机搅拌,并具有生产数据逐盘记录和实时查询功能。混凝土应按照混凝土配合比通知单进行生产,原材料每盘称量的允许偏差应符合表 7.7 的规定。

表 7.7　混凝土原材料每盘称量的允许偏差

项次	材料名称	允许偏差
1	胶凝材料	±2%
2	粗、细骨料	±3%
3	水、外加剂	±1%

(3)混凝土应进行抗压强度检验,并应符合下列规定。

①混凝土检验试件应在浇筑地点取样制作。

②每拌制 100 盘且不超过 100 m³的同一配合比混凝土,每工作班拌制的同一配合比的混凝土不足 100 盘为一批。

③每批制作强度检验试块不少于 3 组,随机抽取 1 组进行同条件转标准养护后进行强度检验,其余可作为同条件试件在预制构件脱模和出厂时控制其混凝土强度;还可根据预制构件吊装、张拉和放张等要求,留置足够数量的同条件混凝土试块进行强度检验。

④蒸汽养护的预制构件,其强度评定混凝土试块应随同构件蒸养后,再转入标准条件养护 28 d。构件脱模起吊、预应力张拉或放张的混凝土同条件试块,其养护条件应与构件生产中采用的养护条件相同。

⑤除设计有要求外,预制构件出厂时的混凝土强度不宜低于设计混凝土强度等级值的 75%。

2. 主控项目

(1)混凝土原材料的质量必须符合国家现行有关标准的规定。

(2)拌制混凝土所用原材料的品种和规格,必须符合混凝土配合比的规定。

(3)预制构件的混凝土强度应按现行国家标准《混凝土强度检验评定标准》(GB/T 50107—2019)的规定进行分批评定,混凝土强度评定结果应合格。

(4)预制构件的混凝土耐久性指标应符合设计规定。

3. 一般项目

(1)拌制混凝土所用原材料的数量应符合混凝土配合比的规定。

(2)拌和混凝土前,应测定砂、石含水率,并根据测定结果调整材料用量,提出混凝土施工配合比。当遇到雨天或含水率变化大时,应增加含水率测定次数,并及时调整水和骨料的重量。

(3)混凝土拌合物应搅拌均匀、颜色一致,其工作性能应符合混凝土配合比的规定。

(4)预制构件成型后应按生产方案规定的混凝土养护制度进行养护,当采用蒸汽养护时,升温速度、恒温温度及降温速度不超过技术标准规定。

7.1.5 预制构件质量验收

1. 一般规定

(1)批量生产的梁板类简支受弯构件应进行结构性能检验,在采取加强材料和制作质量检验措施确保构件制作质量的前提下,对非标构件或生产数量较少的简支受弯构件可不进行结构性能检验。

7.1 预制构件(主控项目)质量检验

(2)构件生产时应制订措施避免构件出现外观质量缺陷。预制构件的外观质量缺陷根据其影响预制构件的结构性能和使用功能的严重程度,按表 7.8 规定划分严重缺陷和一般缺陷。

表 7.8 构件外观质量缺陷分类

名称	现象	严重缺陷	一般缺陷
露筋	构件内钢筋未被混凝土包裹而外露	纵向受力钢筋有露筋	其他钢筋有少量露筋
蜂窝	混凝土表面缺少水泥砂浆而形成石子外露	构件主要受力部位有蜂窝	其他部位有少量蜂窝
孔洞	混凝土中孔穴深度和长度均超过保护层厚度	构件主要受力部位有孔洞	其他部位有少量孔洞

续表

名称	现象	严重缺陷	一般缺陷
夹渣	混凝土中夹有杂物且深度超过保护层厚度	构件主要受力部位有夹渣	其他部位有少量夹渣
疏松	混凝土中局部不密实	构件主要受力部位有疏松	其他部位有少量疏松
裂缝	缝隙从混凝土表面延伸至混凝土内部	构件主要受力部位有影响结构性能或使用功能的裂缝	其他部位有不影响结构性能或使用功能的裂缝
连接部位缺陷	构件连接处混凝土缺陷及连接钢筋、插筋严重锈蚀、弯曲、灌浆套管堵塞、偏位、灌浆孔洞堵塞、偏位、破损等缺陷	连接部位有影响结构传力性能的缺陷	连接部位有基本不影响结构传力性能的缺陷
外形缺陷	缺棱掉角、棱角不直、翘曲不平、飞出凸肋等,装饰面砖黏结不牢、表面不平、砖缝不顺直等	清水或具有装饰的混凝土构件内有影响使用功能或装修效果的外形缺陷	其他混凝土构件有不影响使用功能的外形缺陷
外表缺陷	构件表面麻面、掉皮、起砂、沾污等	具有重要装饰效果的清水混凝土构件有外表缺陷	其他混凝土构件有不影响使用功能的外表缺陷

(3)拆模后的预制构件应及时检查,并记录其外观质量和尺寸偏差,对于出现的严重质量缺陷应按技术方案的要求进行处理,并对该构件重新进行检查验收。

2. 主控项目

(1)预制构件的脱模强度应满足设计要求,设计无要求时,应根据构件脱模受力情况确定,且不得低于混凝土设计强度的 75%。

(2)采用先张法生产的构件,在混凝土成型时预应力筋出现断裂或滑脱时应及时予以更换。采用后张法生产的预制构件,预应力筋出现断裂或滑脱的根数不得超过 2%,且同一束预应力筋中钢丝不得超过一根。

(3)先张法预应力筋预应力有效值与检验规定值偏差的百分率不应超过 5%,用千斤顶或应力测定仪必须在张拉后 1 h 量测检查。

(4)后张法预应力构件的预应力筋孔道灌浆应密实、饱满。

(5)预制构件的预埋件、插筋、预留孔的规格、数量应符合设计要求。

(6)预制构件的叠合面或键槽成型质量应满足设计要求。

(7)陶瓷类装饰面砖与构件基面的黏结强度应满足现行行业标准的规定。

（8）夹芯保温外墙板的保温材料类别、厚度、位置应符合设计要求。

（9）夹芯保温外墙板的内外层混凝土板之间的拉结件类别、数量及使用位置应符合设计要求。

（10）预制构件外观质量不应有严重质量缺陷。

（11）批量生产的梁板类标准构件，其结构性能应满足设计或标准规定。同一工艺正常生产的不超过 1000 件且不超过 3 个月的同类产品为 1 批；当连续检验 10 批且每批的结构性能检验结果均符合要求时，对同一工艺正常生产的构件，可改为不超过 2000 件且不超过 3 个月的同类型产品为 1 批。在每批中随机抽取 1 件有代表性构件进行检验，检验方法按国家现行规范《混凝土结构工程施工质量验收规范》（GB 50204—2015）的规定进行。

3. 一般项目

预制构件尺寸偏差及预留孔、预留洞、预埋件、预留插筋、键槽的位置和检验方法应符合表 7.9～表 7.11 的规定，同一工作班生产的同类型构件，抽查 5% 且不少于 3 件。预制构件有粗糙面时，与预制构件粗糙面相关的尺寸允许偏差可放宽 1.5 倍。

7.2　预制构件（一般项目）质量检验

表 7.9　预制楼板类构件外形尺寸允许偏差及检验方法

项次	检查项目			允许偏差/mm	检验方法
1	规格尺寸	长度	<12 m	±5	用尺量两端及中间部，取其中偏差绝对值较大值
			≥12 m 且<18 m	±10	
			≥18 m	±20	
2		宽度		±5	用尺量两端及中间部，取其中偏差绝对值较大值
3		厚度		±5	用尺量板四角和四边中部位置共 8 处，取其中偏差绝对值较大值
4	对角线差			6	在构件表面，用尺量两对角线的长度，取其绝对值的差值
5	外形	表面平整度	内表面	4	用 2 m 靠尺安放在构件表面上，用楔形塞尺量测靠尺与表面之间的最大缝隙
			外表面	3	
6		楼板侧向弯曲		L/750 且≤20	拉线，钢尺量最大弯曲处
7		扭翘		L/750	四对角线拉两条线，量测两线交点之间的距离，其值的 2 倍为扭翘值

项次	检查项目			允许偏差/mm	检验方法
8	预埋部件	预埋钢板	中心线位置偏差	5	用尺量测纵横两个方向的中心线位置,取其中较大值
			平面高差	0,−5	用尺紧靠在预埋件上,用楔形塞尺量测预埋件平面与混凝土面的最大缝隙
9		预埋螺栓	中心线位置偏移	2	用尺量测纵横两个方向的中心线位置,取其中较大值
			外露长度	+10,−5	用尺量
10		预埋线盒、电盒	在构件平面的水平方向中心位置偏差	10	用尺量
			与构件表面混凝土高差	0,−5	用尺量
11	预留孔		中心线位置偏移	5	用尺量测纵横两个方向的中心线位置,取其中较大值
			孔尺寸	±5	用尺量测纵横两个方向尺寸,取其最大值
12	预留洞		中心线位置偏移	5	用尺量测纵横两个方向的中心线位置,取其中较大值
			洞口尺寸、深度	±5	用尺量测纵横两个方向尺寸,取其最大值
13	预留插筋		中心线位置偏移	3	用尺量测纵横两个方向的中心线位置,取其中较大值
			外露长度	±5	用尺量
14	吊环、木砖		中心线位置偏移	10	用尺量测纵横两个方向的中心线位置,取其中较大值
			留出高度	0,−10	用尺量
15	桁架钢筋高度			+5,0	用尺量

表 7.10 预制墙板类构件外形尺寸允许偏差及检验方法

项次	检查项目			允许偏差/mm	检验方法
1	规格尺寸	高度		±4	用尺量两端及中间部,取其中偏差绝对值较大值
2		宽度		±4	用尺量两端及中间部,取其中偏差绝对值较大值
3		厚度		±3	用尺量板四角和四边中部位置共8处,取其中偏差绝对值较大值
4	对角线差			5	在构件表面,用尺量两对角线的长度,取其绝对值的差值
5	外形	表面平整度	内表面	4	用2m靠尺安放在构件表面上,用楔形塞尺量测靠尺与表面之间的最大缝隙
			外表面	3	
6		侧向弯曲		$L/1000$ 且≤20	拉线,钢尺量最大弯曲处
7		扭翘		$L/1000$	四对角线拉两条线,量测两线交点之间的距离,其值的2倍为扭翘值
8	预埋部件	预埋钢板	中心线位置偏移	5	用尺量测纵横两个方向的中心线位置,取其中较大值
			平面高差	0,−5	用尺紧靠在预埋件上,用楔形塞尺量测预埋件平面与混凝土面的最大缝隙
9		预埋螺栓	中心线位置偏移	2	用尺量测纵横两个方向的中心线位置,取其中较大值
			外露长度	+10,−5	用尺量
10		预埋套筒、螺母	中心线位置偏移	2	用尺量测纵横两个方向的中心线位置,取其中较大值
			平面高差	0,−5	用尺紧靠在预埋件上,用楔形塞尺量测预埋件平面与混凝土面的最大缝隙
11	预留孔	中心线位置偏移		5	用尺量测纵横两个方向的中心线位置,取其中较大值
		孔尺寸		±5	用尺量测纵横两个方向尺寸,取其最大值
12	预留洞	中心线位置偏移		5	用尺量测纵横两个方向的中心线位置,取其中较大值
		洞口尺寸、深度		±5	用尺量测纵横两个方向尺寸,取其最大值

项次	检查项目		允许偏差/mm	检验方法
13	预留插筋	中心线位置偏移	3	用尺量测纵横两个方向的中心线位置,取其中较大值
		外露长度	±5	用尺量
14	吊环木砖	中心线位置偏移	10	用尺量测纵横两个方向的中心线位置,取其中较大值
		与构件表面混凝土高差	0,−10	用尺量
S15	键槽	中心线位置偏移	5	用尺量测纵横两个方向的中心线位置,取其中较大值
		长度、宽度	±5	用尺量
		深度	±5	用尺量
16	灌浆套筒及连接钢筋	灌浆套筒中心线位置	2	用尺量测纵横两个方向的中心线位置,取其中较大值
		连接钢筋中心线位置	2	用尺量测纵横两个方向的中心线位置,取其中较大值
		连接钢筋外露长度	+10,0	用尺量

表 7.11 预制梁柱桁架类构件外形尺寸允许偏差及检验方法

项次	检查项目			允许偏差/mm	检查方法
1	规格尺寸	长度	<12 m	±5	用尺量两端及中间部,取其中偏差绝对值较大值
			≥12 m 且<18 m	±10	
			≥18 m	±20	
2		宽度		±5	用尺量两端及中间部,取其中偏差绝对值较大值
3		厚度		±5	用尺量板四角和四边中部位置共8处,取其中偏差绝对值较大值
4	表面平整度			4	用2 m靠尺安放在构件表面上,用楔形塞尺量测靠尺与表面之间的最大缝隙
5	侧向弯曲	梁柱		L/750 且≤20	拉线,钢尺量最大弯曲处
		桁架		L/1000 且≤20	

项次	检查项目			允许偏差 /mm	检查方法
6	预埋部件	预埋钢板	中心线位置偏移	5	用尺量测纵横两个方向的中心线位置,取其中较大值
			平面高差	0,−5	用尺紧靠在预埋件上,用楔形塞尺量测预埋件平面与混凝土面的最大缝隙
7		预埋螺栓	中心线位置偏移	2	用尺量测纵横两个方向的中心线位置,取其中较大值
			外露长度	+10,−5	用尺量
8	预留孔		中心线位置偏移	5	用尺量测纵横两个方向的中心线位置,取其中较大值
			孔尺寸	±5	用尺量测纵横两个方向尺寸,取其最大值
9	预留洞		中心线位置偏移	5	用尺量测纵横两个方向的中心线位置,取其中较大值
			洞口尺寸、深度	±5	用尺量测纵横两个方向尺寸,取其最大值
10	预留插筋		中心线位置偏移	3	用尺量测纵横两个方向的中心线位置,取其中较大值
			外露长度	±5	用尺量
11	吊环		中心线位置偏移	10	用尺量测纵横两个方向的中心线位置,取其中较大值
			留出高度	0,−10	用尺量
12	键槽		中心线位置偏移	5	用尺量测纵横两个方向的中心线位置,取其中较大值
			长度、宽度	±5	用尺量
			深度	±5	用尺量
13	灌浆套筒及连接钢筋		灌浆套筒中心线位置	2	用尺量测纵横两个方向的中心线位置,取其中较大值
			连接钢筋中心线位置	2	用尺量测纵横两个方向的中心线位置,取其中较大值
			连接钢筋外露长度	+10,0	用尺量

4.预制构件验收合格标准

(1)主控项目全部合格。

(2)一般项目应经检验合格且不应有影响结构安全、安装施工和使用要求的缺陷。

(3)一般项目中允许偏差项目的合格率大于等于80%,允许偏差不得超过最大限值的1.5倍,且没有出现影响结构安全、安装施工和使用要求的缺陷。

7.3 不合格品的处理

7.2 装配式混凝土结构工程施工质量验收

装配式混凝土结构工程施工质量验收按照我国现行国家规范《混凝土结构工程施工质量验收规范》(GB 50204—2015)的规定进行。装配式结构应按混凝土结构子分部工程进行验收,当结构中部分采用现浇混凝土结构时,装配式结构部分可作为混凝土结构子分部的分项工程进行验收,现场施工的模板支设、钢筋绑扎、混凝土浇筑等内容应分别纳入模板、钢筋、混凝土、预应力混凝土等分项工程进行验收。混凝土结构子分部工程的划分见图7.1。

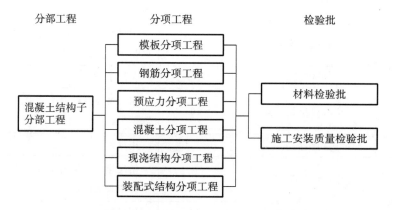

图 7.1 混凝土结构子分部工程的划分

7.2.1 预制混凝土构件进场验收

1.验收程序

预制构件进入施工现场后,施工单位应组织构件生产单位、监理单位对预制构件的质量进行验收,验收的内容包括质量证明文件验收、构件外观质量验收和结构性能验收。未经验收或验收不合格的预制构件,严禁使用。施工单位应对构件进行全数验收,监理单位对构件质量进行抽检,发现存在影响结构质量或安装安全的缺陷时,验收不予通过。

2. 验收内容

（1）质量证明文件。

预制构件进入施工现场时,构件生产单位应向施工单位提供构件的产品合格证、说明书、试验报告、隐蔽验收记录等质量证明文件。施工单位对证明文件的有效性进行检查,并根据质量证明文件核对构件。

（2）观感质量。

在质量证明文件齐全、有效的情况下,对构件的外观质量、外形尺寸等进行验收。观感质量通过观察和简单测试确定,构件的观感质量由验收人员通过现场检查,并共同确认,对影响观感及使用功能、质量评价不合格的地方进行修补。

观感质量验收内容及要求如下。

①观察构件的粗糙面质量和抗剪键槽尺寸和数量是否符合设计要求。粗糙面的粗糙度、粗糙面的面积比满足规范和设计要求,抗剪键槽的位置、尺寸、数量满足规范和设计要求。

②预制构件吊装预留吊环、预留焊接预埋件安装牢固、无松动。

③预制构件的外观不应有严重缺陷,对已经出现的严重缺陷,应按技术处理方案进行处理并重新检查验收。

④预制构件的预埋件、插筋及预留孔洞的规格、位置、数量应符合设计要求,对预留灌浆孔的贯通性进行检查。对影响安装及施工功能的缺陷,应按技术处理方案进行处理并重新检查验收。

⑤预制构件的尺寸应符合规范和设计要求,不应有影响结构性能和安装、使用功能的尺寸偏差。对超过尺寸允许偏差且影响结构性能和安装使用功能的部位,应按技术处理方案进行处理,并重新检查验收。

⑥预制构件的标识、编码要与实际构件一致,在构件的明显位置标明构件生产日期、构件型号、生产单位和验收合格标志。标识、编码可用油漆喷涂或自粘纸粘贴在构件表面。

（3）结构性能检验。

在必要情况下,应按要求对构件进行性能检验,要求如下。

①梁板类简支受弯构件进场时应进行结构性能检验,并符合下列规定。

a. 结构性能检验应符合现行国家相关标准的规定及设计要求,检验要求和试验方法符合《混凝土结构工程施工质量验收规范》(GB 50201—2015)的规定。

b. 钢筋混凝土构件和允许出现裂缝的预应力混凝土构件应进行承载力、挠度和裂缝宽度检验,不允许出现裂缝的预应力混凝土构件应进行承载力、挠度和抗裂检验。

c. 对于大型构件及有可靠应用经验的构件,可只进行裂缝宽度、抗裂和挠度检验。

d. 对使用数量较少的构件,当能提供可靠依据时,可不进行结构性能检验。

e. 对多个工程共同使用的同类型预制构件,可以在多个工程的施工、监理单位见证下共同委托检测机构进行结构性能检验,其结果对多个工程共同有效。

②对于不可单独使用的叠合板预制底板,可不进行结构性能检验。对叠合梁构件,是否进行结构性能检验、结构性能检验的方式应根据设计要求确定。

③对于其他预制构件,除设计有专门要求外,进场时可不做结构性能检验。

④对进场时不做结构性能检验的预制构件,应采取下列措施。

a.施工单位或监理单位代表应驻厂监督制作过程。

b.当无驻厂监督时,预制构件进场时应对预制构件主要受力钢筋数量、规格、间距及混凝土强度等进行实体检验。

同一类型(同一钢种、同一混凝土强度等级、同一生产工艺和同一结构形式)预制构件不超过 1000 个为一批,每批随机抽取 1 个构件进行结构性能检验。抽取预制构件时,应在构件进场时进行,但为了检验方便,也可在各方参与下在预制构件生产场地进行,宜从设计荷载最大、受力最不利或生产数量最多的预制构件中抽取。

7.2.2 预制混凝土构件安装施工过程质量检验

1. 一般规定

为了保证工程质量,装配式混凝土结构安装施工质量控制主要从施工前的准备、原材料质量检验与施工试验、施工过程的工序检验、隐蔽工程验收、结构实体验收等多个方面进行。对装配式混凝土结构工程质量验收要求如下。

(1)工程质量验收均应在施工单位自检合格的基础上进行。

(2)参加工程施工质量验收的各方人员均具备相应的资格。

(3)检验批的质量应按主控项目和一般项目验收。

(4)对涉及结构安全、节能、环境保护和主要施工功能的试块、构配件及材料,应在进场时或施工中按规定进行见证检验。

(5)隐蔽工程在隐蔽前由施工单位通知监理单位验收,并形成验收文件,验收合格后方可继续施工。

(6)工程的观感质量应由验收人员现场检查,共同确认。

2. 原材料质量检验与施工试验

除常规原材料检验和施工检验外,装配式混凝土结构应重点对灌浆料、钢筋套筒灌浆连接接头等进行检查验收。

(1)灌浆料。

①质量标准:灌浆料性能应符合《钢筋连接用套筒灌浆料》(JG/T 408—2019)的有关规定,抗压强度应符合表 7.12 的要求,且不应低于接头设计要求的灌浆料抗压强度。灌浆料竖向膨胀率应符合表 7.13 的要求,灌浆料拌合物的工作性能应符合表 7.14 的要求。灌浆料最好采用与构件内预埋套筒相匹配的灌浆料,否则需要完成所有验证检验,并对结果负责。

表 7.12 灌浆料抗压强度要求

时间(龄期)	抗压强度/(N/mm²)
1 d	≥35
3 d	≥60
28 d	≥85

表 7.13　灌浆料竖向膨胀率要求

项目	竖向膨胀率/(%)
3 h	≥0.02
24 h 与 3 h 差值	0.02～0.50

表 7.14　灌浆料拌合物的工作性能要求

项目		工作性能要求
流动度/mm	初始	≥300
	30 min	≥260
泌水率/(%)		0

②检验要求。

a.检验方法:产品合格证、型式检验报告、进场复试报告。

b.检验数量:在 15 d 内生产的同配方、同批号原材料的产品应以 50 t 为一生产批号,不足 50 t 的,作为一个批号。一个批号原材料从多个部位取等量样品,样品总量不应少于 30 kg,做抗压强度、流动度、竖向膨胀率试验,试验报告见表 7.15。

表 7.15　灌浆料试验报告

委托单位		报告编号	
样品名称	灌浆料	检测编号	
工程名称		工程部位	
生产厂家		规格等级	
检测类型	委托检测	样品数量	1 组
检测设备	砂浆搅拌机、钢直尺、压力试验机、电子天平、比长仪	检测性质	
检测地点		样品状态	粉状
实验室地址		送样日期	年　月　日
检测依据	《钢筋连接用套筒灌浆料》(JG/T 408—2019)	检测日期	年　月　日
检测项目	性能指标	检测结果	单向评定(合格/不合格)
流动性/mm	初始	≥300	
	30 min	≥260	
抗压强度/MPa	1 d	≥35	
	3 d	≥60	
	28 d	≥85	
竖向膨胀率/(%)	3 h	≥0.02	
	24 h 与 3 h 差值	0.02～0.50	

续表

以下空白			
综合结论	该样品依据《钢筋连接用套筒灌浆料》(JG/T 408—2019)标准检测,所检项目合格		
检测说明	用水量:每千克灌浆料加 170 mL 水。 见证单位:　　　　　见证人:　　　　　委托人: 检测结果仅对委托来样负技术责任		

批准:　　审核:　　主检:　　检测单位:(盖章)　　签发日期:　年　月　日

（2）灌浆料试块。

施工现场灌浆施工中,应同时在灌浆地点制作灌浆料试块,每工作班取样不得少于 1 次,每楼层取样不得少于 3 次。每次抽取 1 组试件做标准养护,每组试件 3 个试块,试块规格为 40 mm×40 mm×160 mm,标准养护 28 d 后,做抗压强度试验,抗压强度应不小于 85 N/mm²,并应符合设计要求。灌浆料试块试验报告见表 7.16。

表 7.16　灌浆料试块试验报告

委托单位			报告编号	
样品名称	灌浆料试块		检测编号	
工程名称			工程部位	
生产厂家			规格等级	40 mm×40 mm×160 mm
检测类型	委托检测		样品数量	1 组
检测设备	压力试验机		检测性质	
检测地点			样品状态	块状
实验室地址			送样日期	年　月　日
检测依据	《钢筋连接用套筒灌浆料》(JG/T 408—2019)		检测日期	年　月　日
检测项目	性能指标		检测结果	单向评定(合格/不合格)
抗压强度/MPa	1 d	≥35		
	3 d	≥60		
	28 d	≥85		
以下空白				
综合结论	该样品依据《钢筋连接用套筒灌浆料》(JG/T 408—2019)标准检测,所检项目合格			
检测说明	试块制作日期:　　　　年　月　日 见证单位:　　　　　见证人:　　　　　委托人: 检测结果仅对委托来样负技术责任			

（3）钢筋套筒灌浆连接接头。

①工艺检验。灌浆料检验合格后,在灌浆施工前,对不同钢筋生产企业进场的钢筋进行接头工艺检验。施工过程中,当更换钢筋生产企业或同生产企业生产的钢筋外形尺寸与已完成工艺检验的钢筋有较大差异或灌浆的施工单位变更时,应再次进行工艺检验。每种规格钢筋应制作 3 个对中套筒灌浆连接接头,并应检查灌浆质量。采用灌浆料拌合物制作的 40 mm×40 mm×160 mm 试件不少于 1 组。接头试件与灌浆料试件应在标准养护条件下养护 28 d。

每个接头试件的抗拉强度不应小于连接钢筋抗拉强度标准值,且破坏时应断于接头外钢筋处,屈服强度不应小于连接钢筋屈服强度标准值;3 个接头试件残余变形的平均值不应大于 0.10 mm(钢筋直径不大于 32 mm)或 0.14 mm(钢筋直径大于 32 mm)。灌浆料抗压强度应不小于 85 N/mm²。

②施工检验。施工过程中,应按照同一原材料、同一炉(批)号、同一类型、同一规格的 1000 个灌浆套筒为一个检验批,每批随机抽取 3 个灌浆套筒制作接头。接头试件应在标准养护条件下养护 28 d 后进行抗拉强度检验,检验结果应满足抗拉强度不小于连接钢筋抗拉强度标准值且破坏时应断于接头外钢筋处,钢筋套筒灌浆连接接头试验报告见表 7.17。

表 7.17　钢筋套筒灌浆连接接头试验报告

委托单位		报告编号			
样品名称	钢筋套筒连接	委托日期	年　　月　　日		
样品状态		检测日期	年　　月　　日		
工程名称		检测性质			
检查设备		检测类别	委托检测		
实验室地址		检测地点			
检查依据					

试件编号	接头个数	接头等级	钢筋牌号	直径/mm	面积/mm²	生产厂家	工程部位	连接形式	连接目的	残余变形/mm	极限强度/MPa	伸长率/(%)	断裂特征

结论				
检测说明	见证单位:　　　　见证人:　　　　委托人:　　　　检测结果仅对委托来样负技术责任			

批准:　　　　审核:　　　　主检:　　　　检测单位:(盖章)　　　　签发日期:　　年　　月　　日

（4）坐浆料试块。

预制墙板与下层现浇构件接缝采用坐浆料处理时,应按照设计单位提供的配合比制作坐浆料试块,每工作班取样不得少于一次,每次制作不少于 1 组试件,每组 3 个试块,试块规格为 40 mm×40 mm×160 mm,标准养护 28 d 后,做抗压强度试验。28 d 标准养护试块抗压强度应满足设计要求,并高于预制剪力墙混凝土抗压强度 10 MPa 以上,且不应低于 40 MPa。当接缝灌浆与套筒灌浆同时施工时,可不再单独留置抗压试块。

3. 施工过程中的工序检验

装配式混凝土结构,施工过程主要涉及模板与支撑、钢筋、混凝土和预制构件安装四个分项工程。模板与支撑、钢筋、混凝土分项工程的检验要求除满足一般现浇混凝土结构的检验要求外,还应满足装配式混凝土结构的质量检验要求。

(1)模板与支撑。

①主控项目。

预制构件安装临时固定支撑应稳固、可靠,符合设计、专项施工方案要求及相关技术标准要求。对模板和支撑全数观察检查,检查施工记录或设计文件。

②一般项目。

装配式混凝土结构中后浇混凝土结构模板安装允许偏差及检验方法应符合表 7.18 的要求。

表 7.18 后浇混凝土结构模板安装允许偏差及检验方法

项目		允许偏差/mm	检验方法
轴线位置		5	尺量检查
底模上表面标高		±5	水准仪或拉线、尺量检查
截面内部尺寸	柱、梁	+4,−5	尺量检查
	墙	+4,−3	尺量检查
层高垂直度	不大于 5 m	6	经纬仪或吊线、尺量检查
	大于 5 m	8	经纬仪或吊线、尺量检查
相邻两板表面高低差		2	尺量检查
表面平整度		5	2 m 靠尺和塞尺检查

在同一检验批内,对梁和柱应抽查构件数量的 10%,且不少于 3 件;对墙和板应按有代表性的自然间抽查 10%,且不少于 3 间。

(2)钢筋。

装配式混凝土结构中,后浇混凝土中连接钢筋、预埋件安装允许偏差及检验方法应符合表 7.19 的规定。

在同一检验批内,对梁和柱,应抽查构件数量的 10%,且不少于 3 件;对墙和板,应按有代表性的自然间抽查 10%,且不少于 3 间。

表 7.19 连接钢筋、预埋件安装位置允许偏差及检验方法

项目		允许偏差/mm	检验方法
连接钢筋	中心线位置	5	尺量检查
	长度	±10	尺量检查
灌浆套筒	中心线位置	2	宜用专用定位模具整体检查
	长度	3,0	尺量检查

项目		允许偏差/mm	检验方法
安装用预埋件	中心线位置	3	尺量检查
	水平偏差	3,0	尺量或塞尺检查
斜支撑预埋件	中心线位置	±10	尺量检查
普通预埋件	中心线位置	5	用尺量纵横两个方向偏差,并取其中最大值
	水平偏差	3,0	尺量或塞尺检查

(3)混凝土。

①主控项目。

a.装配式混凝土结构安装连接节点和连接接缝部位的后浇混凝土强度应符合设计要求。每工作班同一配合比的混凝土取样不得少于1次,每次取样至少留置1组标准养护试块,同条件养护试块的留置组数宜根据实际需要确定。

检验方法:检查施工记录及试件强度试验报告。

b.装配式混凝土结构后浇混凝土的外观质量不应有严重缺陷。对已经出现的严重缺陷,应由施工单位提出技术处理方案,并经监理(建设)单位认可后处理。对处理后的部位,应重新检查验收。

检验方法:观察检查全部构件,并检查技术处理方案。

②一般项目。

装配式混凝土结构后浇混凝土的外观质量不宜有一般缺陷,对已经出现的一般缺陷,应由施工单位按技术处理方案处理,并重新检查验收。

检验方法:全数观察检查构件外观,检查技术处理方案。

(4)预制构件安装。

①主控项目。

a.对于工厂生产的预制构件,进场时应全数检查其质量证明文件和表面标识,预制构件的质量、标识应符合设计要求及现行国家相关标准的规定。

b.预制构件安装就位后,全数检查构件安装偏差尺寸,连接钢筋、套筒或浆锚的主要传力部位不应出现影响结构性能和构件安装施工的尺寸偏差。对已经出现的影响结构性能的尺寸偏差,应由施工单位提出技术处理方案,并经监理(建设)单位许可后处理,对处理后的部位,应重新检查验收。

c.预制构件安装完成后,观察外观,检查技术处理方案,外观质量不应有影响结构性能的缺陷,对已经出现的影响结构性能的缺陷,应由施工单位提出技术处理方案,并经监理(建设)单位认可后处理,经过处理的部位,应重新检查验收。

d.预制构件与主体结构之间、预制构件与预制构件之间的钢筋接头应符合设计要求,施工前对接头施工进行工艺检验。

采用机械连接时,接头质量应符合现行行业标准《钢筋机械连接技术规程》(JGJ 107—2016)的要求;采用灌浆套筒时,接头抗拉强度及残余变形应符合现行行业标准《钢筋机械连接技术规程》(JGJ 107—2016)中Ⅰ级接头的要求;采用浆锚搭接连接钢筋时,浆锚搭接连接接头的工艺检验应按有关规范执行。

采用焊接连接时,接头质量应符合现行行业标准《钢筋焊接及验收规程》(JGJ 18—2012)的要求,检查焊接产生的焊接应力和温差是否造成预制构件出现影响结构性能的缺陷,对已经出现的缺陷,应处理合格后,再进行混凝土的浇筑。

e. 灌浆套筒进场时,应抽取套筒采用与之匹配的灌浆料制作对中连接接头,并做抗拉强度检验,检验结果应符合现行行业标准《钢筋机械连接技术规程》(JGJ 107—2016)中 I 级接头对抗拉强度的要求。接头的抗拉强度不小于连接钢筋抗拉强度标准值,且破坏时应断于接头外钢筋处。同一原材料、同一炉(批)号、同类型、同一规格的灌浆套筒,检验批量不应大于 1000 个,每批随机抽取 3 个灌浆套筒制作接头,并应制作不少于 1 组规格为 40 mm×40 mm×160 mm 的灌浆料强度试件。

灌浆套筒进场时,应抽取试件检验外观质量和尺寸偏差,检验结果应符合现行行业标准《钢筋连接用灌浆套筒》(JG/T 398—2019)的有关规定。同一原材料、同一炉(批)号、同类型、同一规格的灌浆套筒,检验批量不应大于 1000 个,每批随机抽取 10 个灌浆套筒。

f. 灌浆料进场时,应对其拌合物 30 min 流动度、泌水率及 1 d 强度、28 d 强度、3 h 膨胀率进行检验,检验结果应符合现行行业标准《钢筋连接用套筒灌浆料》(JG/T 408—2019)和设计的有关规定。

施工现场灌浆施工中,灌浆料的 28 d 抗压强度应符合设计要求及现行行业标准《钢筋连接用套筒灌浆料》(JG/T 408—2019)的规定,用于检验强度的试件应在灌浆地点制作。每工作班取样不得少于 1 次,每楼层取样不得少于 3 次,每次抽取 1 组试件,每组 3 个试块,试块规格为 40 mm×40 mm×160 mm 的灌浆料强度试件,标准养护 28 d 后,做抗压强度试验。

g. 后浇连接部分的钢筋品种、级别、规格、数量和间距符合设计要求,预制构件外墙板与构件、配件的连接应牢固、可靠,连接节点的防腐、防锈、防火和防水构造措施应满足设计要求。

h. 承受内力的接头和拼缝,当其混凝土强度未达到设计要求时,不得吊装上一层结构构件;当设计无具体要求时,应在混凝土强度不小于 10 MPa 或具有足够的支撑时,方可吊装上一层结构构件。已安装完毕的装配式混凝土结构,应在混凝土强度达到设计要求后,方可承受全部荷载。

i. 装配式混凝土结构预制构件连接接缝处防水材料应符合设计要求,并具有合格证、厂家检测报告及进场复试报告。

②一般项目。

a. 预制构件外观不宜有一般缺陷。

b. 预制构件安装的尺寸允许偏差及检验方法符合表 7.20 的要求,对于施工临时使用的预埋件中心线位置及后浇混凝土部位的预制构件尺寸偏差,可按表中规定放大 1 倍执行。

表 7.20 预制构件安装尺寸允许偏差及检验方法

项目			允许偏差/mm	检验方法
构件中心线对轴线位置	基础		15	经纬仪及尺量
	竖向构件(柱、墙、桁架)		8	
	水平构件(梁、板)		5	
构件标高	梁、柱、墙、板底面或顶面		±5	水准仪或拉线、尺量
构件垂直度	柱、墙	≤6 m	5	经纬仪或吊线、尺量
		>6 m	10	
构件倾斜度	梁、桁架		5	经纬仪或吊线、尺量
相邻构件平整度	板端面		5	2 m靠尺和塞尺量测
	梁、板底面	外露	3	
		不外露	5	
	柱、墙侧面	外露	5	
		不外露	8	
构件搁置长度	梁、板		±10	尺量
支座、支垫中心位置	板、梁、柱、墙、桁架		10	尺量
墙板接缝	宽度		±5	尺量

c.装配式混凝土结构安装完毕后,预制构件安装尺寸允许偏差及检验数量:按楼层、结构缝或施工段划分检验批,在同一检验批内,对梁、柱应抽查构件数量的10%,且不少于3件;对墙和板,应按有代表性的自然间抽查10%,且不少于3间;对大空间结构、墙,可按相邻轴线间高度5 m左右划分检查面,板可按纵、横轴线划分检查面,抽查10%,且均不少于3面。

d.装配式混凝土结构预制构件的防水节点构造做法应符合设计要求,建筑节能工程进场材料和设备的复验报告、项目复试要求,应按有关规范规定执行。

4.隐蔽工程验收

装配式混凝土结构工程应在安装施工及浇筑混凝土前完成下列隐蔽项目的验收。

(1)预制构件与预制构件之间、预制构件与主体结构之间的连接应符合设计要求。

(2)预制构件与后浇混凝土结构连接处混凝土粗糙面的质量或键槽的数量、位置。

(3)后浇混凝土中钢筋的牌号、规格、数量、位置。

(4)钢筋连接方式、接头位置、接头数量、接头面积百分率、搭接长度、锚固方式、锚固长度。

(5)结构预埋件、螺栓连接、预留专业管线的数量与位置。构件安装完成后,在对预制混凝土构件拼缝进行封闭处理前,应对接缝的防水、防火等构造做法进行现场验收。

5.结构实体验收

根据现行国家标准《建筑工程施工质量验收统一标准》(GB 50300—2013)的规定,在混凝土结构子分部工程验收前应进行结构实体检验。对结构实体进行检验,并不是子分部工程验收前的重新检验,而是在相应分项工程验收合格的基础上,对涉及结构安全的重要部位进行的验证性检验,其目的是强化混凝土结构的施工质量验收,真实反映结构混凝土强度、受力钢筋位置、结构位置与尺寸等质量指标,确保结构安全。

对于装配式混凝土结构工程,对涉及混凝土结构安全的有代表性的连接部位及进场的混凝土预制构件应做实体检验。结构实体检验分现浇和预制两部分,检验内容包括混凝土强度、钢筋直径、间距、混凝土保护层厚度及结构位置与尺寸偏差。当工程合同有约定时,可根据合同确定其他检验项目和相应的检验方法、检验数量、合格条件。

结构实体检验应由监理工程师组织并见证,混凝土强度、钢筋保护层厚度应由具有相应资质的检测机构完成,结构位置与尺寸偏差可由专业检测机构完成,也可由监理单位组织施工单位完成。为保证结构实体检验的可行性、代表性,施工单位应编制结构实体检验专项方案,并经监理单位审核批准后实施。结构实体混凝土同条件养护试件强度检验的方案应在施工前编制,其他检验方案应在检验前编制。

装配式混凝土结构位置与尺寸偏差检验同现浇混凝土结构,混凝土强度、钢筋保护层厚度的检验可按下列规定执行:后浇混凝土结构同现浇混凝土结构;不进行结构性能检验的预制构件部位同现浇混凝土结构;进行结构性能检验的预制构件部分可不进行。

混凝土强度检验宜采用同条件养护试块或钻芯取样方法,也可采用非破损方法。

当混凝土强度及钢筋直径、间距,混凝土保护层厚度不满足设计要求时,应委托具有资质的检测机构按现行国家有关标准的规定做检测鉴定。

7.2.3 装配式混凝土结构子分部工程验收

1.装配式混凝土结构子分部工程质量验收合格标准

(1)预制混凝土构件安装及其他有关分项工程施工质量验收合格。

(2)质量控制资料完整,符合要求。

(3)观感质量验收合格。

(4)结构实体验收满足设计或标准要求。

2.验收程序

根据现行国家标准《建筑工程施工质量验收统一标准》(GB 50300—2013)的规定,混凝土分部工程验收由总监理工程师组织施工单位项目负责人和项目技术、质量负责人进行验收。当主体结构验收时,设计单位项目负责人,施工单位技术、质量部门负责人应参加。鉴于装配式结构工程应用时间不长,各地区对验收程序提出更严格的要求,要求建设单位组织设计、施工、监理单位和预制构件生产企业共同验收并形成验收意见,对规范中未包含的验收内容,应组织专家论证验收。

3.验收时应提供的资料

(1)施工图设计文件。

(2)工程设计单位确认的预制构件深化设计图,设计变更文件。

(3)装配式混凝土结构工程所用各种材料、连接件及预制混凝土构件的产品合格证书、性能测试报告、进场验收记录和复试报告。

(4)装配式混凝土工程专项施工方案。

（5）预制构件安装施工验收记录。

（6）钢筋套筒灌浆或钢筋浆锚搭接连接的施工检验记录。

（7）隐蔽工程检查验收文件。

（8）后浇筑节点的混凝土、灌浆料、坐浆材料强度检测报告。

（9）外墙淋水试验、喷水试验记录，卫生间等有防水要求的房间蓄水试验记录。

（10）分项工程验收记录。

（11）装配式混凝土结构实体检验记录。

（12）工程的重大质量问题的处理方案和验收记录。

（13）其他质量保证资料。

4. 验收不合格处理

（1）经返工、返修或更换构件、部件的检验批，应重新进行验收。

（2）经有资质的检测机构检测鉴定能够达到设计要求的检验批，应予以验收。

（3）经有资质的检测机构检测鉴定达不到设计要求，但经原设计单位核算并认为能够满足结构安全和使用功能的检验批，可予以验收。

（4）经返修或加固处理能够满足结构安全和使用功能的分项工程，可按技术处理方案和协商文件的要求予以验收。

习　　题

1. 填空题

（1）预制构件生产前，生产单位应当就构件生产制作过程（　　　）、（　　　）的施工工艺向工人进行技术交底。

（2）模具、钢筋、混凝土和预制构件的制作质量，均应在班组（　　　）、（　　　）、（　　　）的基础上，由专职检验员进行检验。

（3）模具上的预埋螺栓的中心位置偏差测量方法是用尺量测纵横两个方向的中心线位置，取其中（　　　）。

（4）叠合板钢筋桁架长度偏差允许值为总长度的（　　　），且不超过（　　　）mm。

（5）每批制作强度检验试块不少于 3 组，随机抽取 1 组进行同条件转标准养护后进行（　　　）检验，其余可作为同条件试件在预制构件脱模和出厂时控制其混凝土（　　　）。

（6）同一工艺正常生产的不超过（　　　）件且不超过（　　　）个月的同类产品为 1 批。

（7）一般项目中允许偏差项目合格的标准是：合格率大于等于（　　　），允许偏差不得超过最大限值的（　　　）倍，且没有出现影响结构安全、安装施工和使用要求的缺陷。

（8）预制构件进入施工现场后，施工单位应组织构件生产单位、监理单位对预制构件的质量进行验收，验收的内容包括（　　　）验收、（　　　）验收和（　　　）验收。

（9）抽取构件进行结构性能检验，宜从设计荷载（　　　）、受力（　　　）或生产数量（　　　）的预制构件中抽取。

（10）套筒灌浆料质量试验内容包括（　　　）、（　　　）、（　　　）试验。

2. 单选题

（1）模具应具有足够的承载力、（　　　）和稳定性，保证构件生产时能承受浇筑混凝土的重量、侧压力及施工荷载。

A. 强度　　　　　　B. 硬度　　　　　　C. 刚度　　　　　　D. 精度

(2)设计长度为 5 m 的预制构件模板,沿着模板高度方向测量三次长度,其尺寸分别为 5.002 m、4.996 m、5.003 m,则该模板的长度偏差值是(　　　)mm。

A. 2　　　　　　B. −4　　　　　　C. 3　　　　　　D. 1

(3)套筒灌浆连接需要进行套筒和灌浆料的(　　　)试验,合格后方可进行套筒灌浆施工。

A. 形式　　　　　　B. 强度　　　　　　C. 匹配性　　　　　　D. 黏结度

(4)预制叠合板钢筋网片的钢筋间距设计值为 200 mm,实测连续三格的钢筋间距分别是 208 mm、195 mm、204 mm,则钢筋网片网眼尺寸偏差值是(　　　)mm。

A. 8　　　　　　B. 5　　　　　　C. −5　　　　　　D. 4

(5)靠尺与底模之间最大缝隙宽度的允许偏差项目叫作(　　　)。

A. 弯曲　　　　　　B. 翘曲　　　　　　C. 对角线差　　　　　　D. 平整度

(6)除设计有要求外,预制构件出厂时的混凝土强度不宜低于设计混凝土强度等级值的(　　　)%。

A. 50　　　　　　B. 70　　　　　　C. 75　　　　　　D. 80

(7)预制墙板的预埋螺栓,实测其 X、Y 方向的偏差值分别是 1 mm、3 mm,则其位置偏差是(　　　)mm。

A. 1　　　　　　B. 2　　　　　　C. 3　　　　　　D. 4

(8)梁板类简支受弯构件进场时进行结构性能检验,结构性能检验内容包括承载力、(　　　)。

A. 变形和裂缝宽度　　　　　　　　B. 挠度和裂缝宽度

C. 变形和挠度　　　　　　　　　　D. 挠度和抗裂

(9)钢筋套筒灌浆料试件尺寸为(　　　)的长方体。

A. 40 mm×40 mm×40 mm　　　　　　B. 40 mm×40 mm×160 mm

C. 70 mm×70 mm×70 mm　　　　　　D. 150 mm×150 mm×150 mm

(10)装配式混凝土建筑的施工中,同一检验批中柱的数量有 20 根,该柱钢筋检验批抽查数量是(　　　)根。

A. 1　　　　　　B. 2　　　　　　C. 3　　　　　　D. 4

3. 判断题

(1)模具尺寸允许偏差中翘曲是指模板对角拉线交点间距离。　　　　　　　　(　　　)

(2)预制构件部分非主控项目不合格时,允许采取措施维修处理后重新检验,合格后仍可评定为合格。　　　　　　　　(　　　)

(3)预制叠合板的钢筋网片对角线设计尺寸为 5 m,实测两个对角线长度分别为 5005 mm 和 4995 mm,则该对角线差为 5 mm。　　　　　　　　(　　　)

(4)预制构件模具设计长度为 10 m,长度允许偏差为 $L/1500$,长度实测值为 10.006 m,则长度偏差在允许范围内。　　　　　　　　(　　　)

(5)蒸汽养护的预制构件,其强度评定混凝土试块应随同构件蒸养后,再转入标准条件养护 28 d。　　　　　　　　(　　　)

(6)构件脱模起吊、预应力张拉或放张的混凝土同条件试块,其养护条件应与标准养护条件相同。　　　　　　　　　　　　　　　　　　　　　　　　　（　　）

(7)批量生产的梁板类简支受弯构件应进行结构性能检验,对非标构件或生产数量较少的简支受弯构件可不进行结构性能检验。　　　　　　　　　　　　　（　　）

(8)预制构件外观质量不应有质量缺陷。　　　　　　　　　　　　　（　　）

(9)预制楼板厚度偏差就是用尺量板四角和四边中部位置共 8 处,取其中偏差绝对值较大值。　　　　　　　　　　　　　　　　　　　　　　　　　　　（　　）

(10)预制构件进场验收时,施工单位应对构件进行全数验收,监理单位对构件质量进行抽检。　　　　　　　　　　　　　　　　　　　　　　　　　　（　　）

(11)预制构件的外观不应有严重缺陷,对已经出现的严重缺陷,应按作废处理。
　　　　　　　　　　　　　　　　　　　　　　　　　　　　　　　（　　）

4. 问答题

(1)预制构件验收合格标准是什么?

(2)装配式混凝土结构子分部工程质量验收合格标准是什么?

(3)装配式混凝土结构子分部工程质量验收不合格时如何处理?

8 装配式建筑施工信息化应用

信息化是以现代通信、网络、数据库技术为基础,把所研究的对象各要素汇总至数据库,供特定的人群生活、工作、学习、辅助决策等和人类息息相关的各种行为相结合的一种技术。目前国内装配式建筑施工应用较多的就是 BIM 技术。

8.1 BIM 技术简介

8.1.1 BIM 的定义

BIM 是建筑信息模型(building information modeling)的简称,是在建设工程及设施全生命期内,对其物理和功能特性进行数字化表达,并依此设计、施工、运营的过程和结果的总称。BIM 技术通过三维建模,将建筑工程全寿命周期中产生的相关信息添加在该三维模型中。根据模型对设计、生产、施工、装修、管理过程进行控制和管理,并根据项目各阶段中的完成情况,不断对已有的数据库进行更新,最终建立多维的数据模型。通过信息化模型整合项目各种阶段的相关信息,搭建起一个可以被项目各方共享的资源信息平台。

8.1.2 建筑信息模型的建立

(1)建筑信息模型宜在施工图模型基础上创建,也可根据施工图等已有项目文件进行创建。

(2)装配式建筑施工中应用 BIM 技术的相关各方,应先确定施工模型数据共享和协同工作的方式,根据 BIM 技术的应用目标和范围,选用具有相应功能的 BIM 软件。BIM 软件应具备下列基本功能:模型输入、输出、模型浏览或漫游、模型信息处理、相应的专业应用、应用成果处理和输出;支持开放的数据交换标准,应具有与物联网、移动通信、地理信息系统等技术集成或融合的能力。

(3)施工模型可包括深化设计模型、施工过程模型和竣工验收模型,可采用集成方式统一创建,也可采用分工协作方式按专业或任务分别创建,细度应满足深化设计、施工过程和竣工验收等任务的要求。

(4)模型元素。

①尺寸、定位、空间拓扑关系等几何信息。

②名称、规格型号、材料和材质、生产厂商、功能与性能技术参数,系统类型、施工段、施工方式、工程逻辑关系等非几何信息。

8.1.3　BIM 在施工过程中的作用

(1)深化设计,包括预制装配式混凝土结构深化设计中的预制构件平面布置、拆分、设计,以及节点设计等。

(2)施工模拟,包括工程项目施工中的施工组织模拟和施工工艺模拟。

(3)预制加工,包括混凝土预制构件工艺设计、构件生产、成品管理等。

(4)进度管理,包括工程项目施工的进度计划编制和进度控制等。

(5)预算和成本管理,包括工程项目施工中的施工图预算和成本管理等。

(6)质量和安全管理,包括工程项目施工质量管理与安全管理等。

(7)施工监理,包括施工阶段的监理控制、监理管理等。

(8)竣工验收,包括竣工验收阶段的竣工预验收和竣工验收。

8.2　BIM 技术的应用

8.2.1　深化设计

(1)装配式建筑深化设计 BIM 软件应具备空间协调、工程量统计、深化设计图和报表生成等功能。深化设计图应包括二维图和必要的三维模型视图。

(2)预制装配式混凝土结构深化设计中,可基于施工图设计模型或施工图以及预制方案、施工工艺等创建深化设计模型,输出平立面图、构件深化设计图、节点深化设计图、工程量清单等。

(3)构件拆分时,宜根据施工吊装工况、吊装设备、运输设备和道路条件、预制厂家生产条件以及标准模数等因素确定其位置和尺寸信息。

(4)用深化设计模型进行安装节点、专业管线与预留预埋、施工工艺等的碰撞检查以及安装可行性验证。

(5)深化设计模型元素,除施工图设计模型元素外,还包括预埋件和预留孔洞、节点和临时安装措施等类型的模型元素,内容符合表 8.1 的规定。

表 8.1　预制装配式混凝土结构深化设计模型元素及信息

模型元素类型	模型元素及信息
上游模型	施工图设计模型元素及信息
预埋件和预留孔洞	模型元素为预埋件、预埋管、预埋螺栓等,以及预留孔洞。几何信息包括位置和几何尺寸。非几何信息包括类型、材料等信息

模型元素类型	模型元素及信息
节点连接	模型元素节点连接的材料、连接方式、施工工艺等。几何信息包括位置、几何尺寸及排布。非几何信息包括节点编号、节点区材料信息、钢筋信息(等级、规格等)、型钢信息、节点区预埋信息等
临时安装措施	模型元素为预制混凝土构件安装设备及相关辅助设施。非几何信息包括设备设施的性能参数等信息

(6)预制装配式混凝土结构深化设计 BIM 应用交付成果宜包括深化设计模型,碰撞检查分析报告,设计说明,平立面布置图,节点、预制构件深化设计图和计算书,工程量清单等。

8.2.2 施工模拟

施工模拟分为施工组织模拟和施工工艺模拟,施工模拟前应先确定 BIM 应用内容、BIM 应用成果分节点或分期交付计划,分析和确定工程项目中需基于 BIM 进行施工模拟的重点和难点。当施工难度大或采用新技术、新工艺、新设备、新材料时,宜采用施工工艺模拟。

1. 施工组织模拟

(1)施工组织模拟内容包括工序安排、资源配置、平面布置、进度计划等。

(2)在施工组织模拟 BIM 应用中,可基于施工图设计模型或深化设计模型和施工图、施工组织设计文档等创建施工组织模型,并将工序安排、资源配置和平面布置等信息与模型关联,输出施工进度、资源配置等计划,指导和支持模型、视频、说明文档等成果的制作与方案交底。

(3)施工组织模拟前先制订工程项目初步实施计划,形成施工顺序和时间安排;根据模拟需要将施工项目的工序安排、资源配置和平面布置等信息附加或关联到模型中,并按施工组织流程进行模拟。

(4)工序安排模拟应根据施工内容、工艺选择及配套资源等,明确工序间的搭接、穿插关系,优化项目工序安排。

(5)资源配置模拟应根据施工进度计划、合同信息以及各施工工序对资源的需求等,优化资源配置计划。

(6)平面布置计划应结合施工进度安排,优化各施工阶段的垂直运输机械布置、现场加工车间布置以及施工道路布置等。

(7)施工组织模拟过程中及时记录工序安排、资源配置及平面布置存在的问题,形成施工组织模拟分析报告等指导文件,根据模拟成果对工序安排、资源配置、平面布置等进行协调和优化,并将相关信息更新到模型中。

(8)施工组织模型除包括施工图设计模型或深化设计模型元素外,还应包括场地布置、周边环境等类型的模型元素,其内容符合表 8.2 的规定。

表 8.2 施工组织模型元素及信息

模型元素类别	模型元素及信息
上游模型	施工图设计模型元素或深化设计模型元素及信息
场地布置	模型元素为现场场地、地下管线、临时设施、施工机械设备、道路等。几何信息包括位置、几何尺寸(或轮廓)。非几何信息包括机械设备参数、生产厂家以及相关运行维护信息等
场地周边	模型元素为邻近区域的既有建(构)筑物、周边道路等。几何信息包括位置、几何尺寸(或轮廓)。非几何信息包括周边建筑物设计参数及道路的性能参数等
其他	施工组织所涉及的其他资源信息,如工程项目进度计划、劳动力计划、设备材料及机械进场计划等

(9)施工组织模拟 BIM 应用交付成果包括施工组织模型、施工模拟动画、模拟漫游文件、施工组织优化报告等。施工组织优化报告应包括施工进度计划优化报告及资源配置优化报告等。

2.施工工艺模拟

(1)施工工艺模拟包括土方工程、大型设备及构件安装工程、垂直运输工程、脚手架工程、模板工程等施工工艺模拟。

(2)在施工工艺模拟 BIM 应用中,可基于施工组织模型和施工图创建施工工艺模型,并将施工工艺信息与模型关联,输出资源配置计划、施工进度计划等,指导模型创建、视频制作、文档编制和方案交底。

(3)在施工工艺模拟前应完成相关施工方案的编制,确认工艺流程及相关技术要求。

(4)土方工程施工工艺模拟应根据开挖量、开挖顺序、开挖机械数量安排、土方运输车辆运输能力、基坑支护类型及换撑等因素,优化土方工程施工工艺。

模板工程施工工艺模拟应优化模板数量、类型、支撑系统数量、类型和间距,支设流程和定位,结构预埋件定位等。

临时支撑施工工艺模拟应优化临时支撑位置、数量、类型、尺寸,并宜结合支撑布置顺序、换撑顺序、拆撑顺序。

大型设备及构件安装工艺模拟应综合分析柱、梁、墙、板、障碍物等因素,优化大型设备及构件进场时间点、吊运运输路径和预留孔洞等。

复杂节点施工工艺模拟应优化节点各构件尺寸、各构件之间的连接方式和空间要求,以及节点施工顺序。

垂直运输施工工艺模拟应综合分析运输需求、垂直运输器械的运输能力等因素,结合施工进度优化垂直运输组织计划。

脚手架施工工艺模拟应综合分析脚手架组合形式、搭设顺序、安全网架设、连墙杆搭设、场地障碍物、卸料平台与脚手架关系等因素,优化脚手架方案。

（5）预制构件拼装施工工艺模拟应综合分析连接件定位、拼装部件之间的连接方式、拼装工作空间要求以及拼装顺序等因素,检验预制构件加工精度。

（6）在施工工艺模拟过程中宜将涉及的时间、人力、施工机械及其工作面要求等信息与模型关联。

（7）在施工工艺模拟过程中,宜及时记录出现的工序交接、施工定位等存在的问题,形成施工模拟分析报告等方案优化指导文件。宜根据施工工艺模拟成果进行协调优化,并将相关信息同步更新或关联到模型中。施工工艺模拟模型可从已完成的施工组织模型中提取,并根据需要进行补充完善,也可在施工图、设计模型或深化设计模型的基础上创建。

（8）施工工艺模拟前宜先明确模型范围,根据模拟任务调整模型,并满足下列要求:

①模拟过程涉及空间碰撞的,应确保足够的模型细度及工作面;

②模拟过程涉及与其他施工工序交叉时,应保证各工序的时间逻辑关系合理。

（9）施工工艺模拟 BIM 应用交付成果包括施工工艺模型、施工模拟分析报告、可视化资料、必要的力学分析计算书或分析报告等。施工工艺宜基于 BIM 应用交付成果,进行可视化展示或施工交底。

8.2.3　预制构件生产

（1）BIM 用于预制构件生产内容包括混凝土预制构件工艺设计、构件生产、成品管理等。

（2）在混凝土预制构件生产 BIM 应用中,可基于深化设计模型和生产确认函、变更确认函、设计文件等创建混凝土预制构件生产模型,通过提取生产料单和编制排产计划形成资源配置计划和加工图,并在构件生产和质量验收阶段形成构件生产的进度、成本和质量追溯等信息。混凝土预制构件生产模型可从深化设计模型中提取,并增加模具、生产工艺、养护及成品堆放等信息。

（3）宜根据设计图和混凝土预制构件生产模型,对钢筋进行翻样,并生成钢筋下料文件及清单,相关信息宜附加或关联到模型中。

（4）宜建立混凝土预制构件编码体系和生产管理编码体系。构件编码体系应与构件生产模型数据一致,应包括构件类型码、识别码、材料属性编码、几何信息编码等。生产管理编码体系应包括合同编码、工位编码、设备机站编码、人员编码等。

（5）混凝土预制构件生产模型宜在深化设计模型基础上,附加或关联生产信息、构件属性、构件加工图、工序工艺、质检、运输控制、生产责任主体等信息,其内容宜符合表 8.3 的规定。

表 8.3　混凝土预制构件模型元素及信息

模型元素类别	模型元素及信息
上游模型	深化设计模型及信息

模型元素类别	模型元素及信息
混凝土预制构件生产模型	增加的非几何信息包括以下各项。 1.生产信息：工程量、构件数量、工期、任务划分等； 2.构件属性：构件编码、材料、图纸编号等； 3.加工图：说明性通图、布置图、构件详图、大样图等； 4.工序工艺：支模、钢筋、预埋件、混凝土浇筑、养护、拆模、外观处理等工序信息，数控文件、工序参数等工艺信息； 5.构件生产质检信息、运输控制信息：二维码、芯片等物联网应用相关信息； 6.生产责任主体信息：生产责任人与责任单位信息，具体生产班组人员信息等

（6）混凝土预制构件生产 BIM 应用交付成果包括混凝土预制构件生产模型、加工图以及构件生产相关文件。

8.2.4 进度管理

BIM 用于装配式建筑施工进度管理的内容包括工程项目施工的进度计划编制和进度控制。进度计划编制 BIM 应用应根据项目特点和进度控制需求进行，应对实际进度的原始数据进行收集、整理、统计和分析，并将实际进度信息附加或关联到进度管理模型。

1.进度计划编制

（1）BIM 应用于进度计划编制的内容包括工作分解结构创建、计划编制、与进度相对应的工程量计算、资源配置、进度计划优化、进度计划审查、形象进度可视化等。

（2）在进度计划编制 BIM 应用中，可基于项目特点创建工作分解结构，并编制进度计划，可基于深化设计模型创建进度管理模型，基于定额完成工程量估算和资源配置、进度计划优化，并通过进度计划审查。

（3）工作分解结构应根据项目的整体工程、单位工程、分部工程、分项工程、施工段、工序依次分解，并应满足下列要求。

①工作分解结构中的施工段应与模型、模型元素或信息相关联。

②工作分解结构宜达到支持制定进度计划的详细程度，并包括任务间关联关系。

③在工作分解结构基础上创建的施工模型应与工程施工的区域划分、施工流程对应。

（4）施工任务及节点应根据验收的先后顺序划分。按施工部署要求，确定工作分解结构中每个任务的开工、竣工日期及关联关系，并确定下列信息：里程碑节点及其开工、竣工时间；结合任务间的关联关系、任务资源、任务持续时间以及里程碑节点的时间要求，编制进度计划，明确各个节点的开工、竣工时间以及关键线路。

（5）创建进度管理模型时，根据工作分解结构对导入的深化设计模型或预制加工模型进行拆分或合并处理，并将进度计划与模型关联。基于进度管理模型估算各任务节点的工程量，在模型中附加工程量信息，并关联定额信息。基于工程量以及人工、材料、机械等因素对施工进度计划进行优化，并将优化后的进度计划信息附加或关联到模型中。

(6)在进度计划编制 BIM 应用中,进度管理模型宜在深化设计模型或预制加工模型基础上,附加或关联工作分解结构、进度计划、资源和进度管理流程等信息,其内容宜符合表 8.4 的规定。

表 8.4　进度计划编制中进度管理模型元素及信息

模型元素类别	模型元素及信息
上游模型	深化设计模型或预加工模型元素及信息
工作分解结构	模型元素之间应表达工作分解的层级结构、任务之间的序列关系
进度计划	单个任务模型元素的标识、创建日期、制定者、目的以及时间信息(最早开始时间、最迟开始时间、计划开始时间、最早完成时间、最迟完成时间、计划完成时间、任务完成所需时间、任务自由浮动的时间、允许浮动时间、是否关键、状态时间、开始时间浮动、完成时间浮动、完成百分比)
资源	人力、材料、机械及资金等。每类元素均包括唯一标识、类别、定额、消耗状态、数量等
进度管理流程	进度计划中清单模型元素的编号、提交的进度计划、进度编制成果以及负责人签名等信息;进度计划审批单模型元素的进度计划编号、审批号、审批结果、审批意见、审批人等信息

(7)附加或关联信息到进度管理模型时,应符合下列要求:工作分解结构的每个节点均宜附加进度信息;人工、材料、机械等定额资源信息宜基于模型与进度计划关联;进度管理流程中需要存档的表单、文档以及施工模拟动画等成果宜附加或关联到模型中。

(8)进度计划编制 BIM 应用交付成果宜包括进度管理模型、进度审批文件,以及进度优化与模拟成果等。

2. 进度控制

(1)BIM 技术用于进度控制的内容包括工程项目施工中的实际进度和计划进度跟踪对比分析、进度预警、进度偏差分析、进度计划调整等。

(2)在进度控制 BIM 应用中,基于进度管理模型和实际进度信息完成进度对比分析,并基于偏差分析结果更新进度管理模型。

(3)进行进度对比分析时,应基于附加或关联到进度管理模型的实际进度信息、项目进度计划和与之关联的资源及成本信息,对比项目实际进度与计划进度,输出项目的进度时差。

(4)进行进度预警时,应制定预警规则,明确预警提前量和预警节点,并根据进度时差,对应预警规则生成项目进度预警信息。

(5)项目后续进度计划应根据项目进度对比分析结果和预警信息进行调整,进度管理模型应做相应更新。

(6)在进度控制 BIM 应用中,进度管理模型在进度计划编制中进度管理模型基础上,增加实际进度和进度控制等信息,其内容宜符合表 8.5 的规定。

表 8.5　进度控制中进度管理模型元素及信息

模型元素类别	模型元素及信息
上游模型	进度计划编制中进度管理模型元素及信息
实际进度	实际开始时间、实际完成时间、实际需要时间、剩余时间、状态时间完成的百分比等
进度预警与变更	1. 进度预警信息包括：编号、日期、相关任务等信息； 2. 进度计划变更信息包括：编号、提交的进度计划、进度编制成果以及负责人签名等信息； 3. 进度计划变更审批信息包括：进度计划编号、审批号、审批结果、审批意见、审批人等信息

(7)进度控制 BIM 应用交付成果包括进度管理模型、进度预警报告、进度计划变更文档等。

8.2.5　施工图预算与成本管理

在施工图预算 BIM 应用中，在施工图设计模型基础上补充必要的施工信息进行施工图预算。在成本管理 BIM 应用中，根据项目特点和成本控制需求，编制不同层次、不同周期及不同项目参与方的成本计划，对实际成本的原始数据进行收集、整理、统计和分析，并将实际成本信息附加或关联到成本管理模型。

1. 施工图预算

(1)BIM 用于施工图预算的内容包括工程量清单项目确定、工程量计算、分部分项计价、工程总造价计算等。

(2)在施工图预算 BIM 应用中，宜基于施工图设计模型创建施工图预算模型，基于清单规范和消耗量定额确定工程量清单项目，输出招标清单项目、招标控制价或投标清单项目及投标报价单，根据施工图预算要求，对导入的施工图设计模型进行检查和调整。

(3)确定工程量清单项目和计算工程量时，针对相关模型元素识别工程量清单项目并计算其工程量。分部分项计价时，应针对每个工程量清单项目根据定额确定综合单价，并在此基础上计算相关模型元素的成本。施工图预算模型宜在施工图设计模型基础上，附加或关联预算信息，其内容宜符合表 8.6 的规定。

表 8.6　施工图预算模型元素及信息

模型元素类型	模型元素及信息
上游模型	施工图设计模型元素及信息
土建	1. 混凝土浇筑方式(现浇、预制)、钢筋连接方式、钢筋预应力张拉类型(无预应力、先张、后张)、预应力黏结类型(有黏结、无黏结)、预应力锚固类型、混凝土添加剂、混凝土搅拌方法等； 2. 脚手架模型元素信息：脚手架类型、脚手架获取方式(自有、租赁)； 3. 混凝土模板模型元素信息：模板类型、模板材质、模板获取方式等

模型元素类型	模型元素及信息
钢结构	钢材型号和质量等级;连接件的型号、规格;加劲肋做法;焊缝质量等级;防腐及防火措施;钢构件与下部混凝土构件的连接构造;加工精度;施工安装要求等
机电	机电设备规格、型号、材质、安装或敷设方式等信息,大型设备具有相应的荷载信息
工程量清单项目	1.措施费、规费、税金、利润等; 2.工程量清单项目的预算成本、工程量清单项目与模型元素的对应关系,工程量清单对应的定额项目,工程量清单项目对应的人、材、机消耗量,工程量清单项目的综合单价

(4)施工图预算 BIM 应用交付成果包括施工图预算模型、招标预算工程量清单、招标控制价、投标预算工程量清单与投标报价单等。

2. 成本管理

(1)BIM 应用在成本管理中的内容包括成本计划制定、进度信息集成、合同预算成本计算、三算对比、成本核算、成本分析等。

(2)在成本管理 BIM 应用中,宜基于深化设计模型或预制加工模型,以及清单规范和消耗量定额创建成本管理模型,通过计算合同预算成本和集成进度信息,定期进行三算对比、纠偏、成本核算、成本分析工作。

(3)确定成本计划时,宜使用深化设计模型或预制加工模型按施工图预算,并在此基础上确定成本计划。

(4)创建成本管理模型时,应根据成本管理要求,对导入的深化设计模型或预制加工模型进行检查和调整。进度信息集成时,应为相关模型元素附加进度信息;合同预算成本可在施工图预算基础上确定;成本核算与成本分析宜按周或月定期进行。

(5)在成本管理 BIM 应用中,成本管理模型宜在施工图预算模型基础上增加成本管理信息,其内容宜符合表 8.7 的规定。

表 8.7　成本管理模型元素及信息

模型元素类型	模型元素及信息
上游模型	深化设计模型或预制加工模型元素及信息
成本管理	工程量清单项目的合同预算成本、施工预算成本、实际成本

(6)成本管理 BIM 应用交付成果包括成本管理模型、成本分析报告等。

8.2.6　质量与安全管理

(1)质量管理与安全管理 BIM 应用应根据项目特点和质量与安全管理需求,编制不同范围、不同时间段的质量管理与安全管理计划。

(2)BIM 应用在工程项目施工质量管理中的内容包括质量验收计划确定、质量验收、质量问题处理、质量问题分析等。

(3)在质量管理 BIM 应用中,宜基于深化设计模型或预制加工模型创建质量管理模型,基于质量验收标准和施工资料标准确定质量验收计划,进行质量验收、质量问题处理、质量问题分析工作,宜对导入的深化设计模型或预制加工模型进行检查和调整。

(4)确定质量验收计划时,利用模型针对整个工程项目确定质量验收计划,并将验收检查点附加或关联到相关模型元素上。质量验收时,宜将质量验收信息附加或关联到相关模型元素上。质量问题处理时,宜将质量问题处理信息附加或关联到相关模型元素上。质量问题分析时,宜利用模型按部位、时间、施工人员等对质量信息和问题进行汇总和展示。

(5)质量管理 BIM 应用交付成果宜包括质量管理模型、质量验收报告等。

(6)BIM 应用于安全管理中的内容包括技术措施制定、实施方案策划、实施过程监控及动态管理、安全隐患分析及事故处理等。

(7)在安全管理 BIM 应用中,宜基于深化设计或预制加工等模型创建安全管理模型,基于安全管理标准确定安全技术措施计划,采取安全技术措施,处理安全隐患和事故,分析安全问题。

(8)确定安全技术措施计划时,宜使用安全管理模型辅助相关人员识别风险源。实施安全技术措施计划时,应使用安全管理模型向有关人员进行安全技术交底,并将安全交底记录附加或关联到相关模型元素中。

处理安全隐患和事故时,宜使用安全管理模型制定相应的整改措施,并将安全隐患整改信息附加或关联到相关模型元素中。

当发生安全事故时,应将事故调查报告及处理决定附加或关联到相关模型元素中。

分析安全问题时,宜利用安全管理模型,按部位、时间等对安全信息和问题进行汇总和展示。

安全管理模型元素宜在深化设计模型元素或预制加工模型元素基础上,附加或关联安全生产(防护)设施、安全检查、风险源、事故信息。

(9)安全管理 BIM 应用交付成果包括安全管理模型及相关报告。

8.2.7 施工监理

(1)BIM 应用于施工阶段监理的内容有监理控制、监理管理等。

(2)在施工监理控制 BIM 应用中,宜进行模型会审和基于模型的设计交底,并将模型会审记录和设计交底记录附加或关联到相关模型中。

(3)BIM 应用于施工监理控制中的内容包括质量、造价、进度控制,以及工程变更控制和竣工验收等,并将监理控制的过程记录附加或关联到相应的施工过程模型中,将竣工验收监理记录附加或关联到竣工验收模型中。

在监理控制 BIM 应用中,宜在深化设计模型元素或施工过程模型元素基础上,附加或关联模型会审与设计交底信息,以及质量、进度、造价和工程变更等监理控制信息。

(4)监理控制 BIM 应用交付成果应包括模型会审、设计交底记录,质量、造价、进度等过程记录,监理实测实量记录、变更记录、竣工验收记录等。

(5)BIM 应用于监理管理过程中的内容包括安全管理、合同管理、信息管理。

(6)在监理管理 BIM 应用中,宜基于深化设计模型或施工过程模型,将安全管理、合同管理、信息管理的记录和文件附加或关联到模型中,宜在深化设计模型元素或施工过程模型元素基础上,附加或关联安全、合同等管理信息。

(7)监理管理 BIM 应用交付成果应包括安全管理记录、合同管理记录、信息资料等。

8.2.8 竣工验收

(1)BIM 应用于竣工验收阶段的内容包括竣工预验收和竣工验收。

(2)竣工验收模型应在施工过程模型上附加或关联竣工验收相关信息和资料,其内容应符合现行国家标准《建筑工程施工质量验收统一标准》(GB 50300—2013)和现行行业标准《建筑工程资料管理规程》(JGJ/T 185—2009)等的规定。

(3)在竣工验收 BIM 应用中,应将竣工预验收与竣工验收合格后形成的验收信息和资料附加或关联到模型中,形成竣工验收模型。

习　　题

问答题

(1)建筑信息模型包括哪些元素?

(2)施工 BIM 有哪些作用?

(3)采用 BIM 进行施工组织模拟的内容有哪些?

参 考 文 献

[1] 中华人民共和国住房和城乡建设部.装配式混凝土结构技术规程:JGJ 1—2014[S].
北京:中国建筑工业出版社,2014.

[2] 中华人民共和国住房和城乡建设部.装配式混凝土建筑技术标准:GB/T 51231—
2016[S].北京:中国建筑工业出版社,2016.

[3] 中华人民共和国住房和城乡建设部.钢筋套筒灌浆连接应用技术规程:JGJ 355—
2015[S].北京:中国建筑工业出版社,2015.

[4] 中华人民共和国住房和城乡建设部.装配式环筋扣合锚接混凝土剪力墙结构技术标
准:JGJ/T 430—2018[S].北京:中国建筑工业出版社,2018.

[5] 中华人民共和国住房和城乡建设部.钢筋连接用灌浆套筒:JG/T 398—2019[S].北
京:中国建筑工业出版社,2019.

[6] 中华人民共和国住房和城乡建设部.钢筋连接用套筒灌浆料:JG/T 408—2019[S].
北京:中国建筑工业出版社,2019.

[7] 中华人民共和国住房和城乡建设部.装配式混凝土结构表示方法及示例(剪力墙结
构):15G107-1[S].北京:中国计划出版社,2015.

[8] 中华人民共和国住房和城乡建设部.装配式混凝土结构连接节点构造(楼盖结构和
楼梯):15G310-1[S].北京:中国计划出版社,2015.

[9] 中华人民共和国住房和城乡建设部.装配式混凝土结构连接节点构造(剪力墙结
构):15G310-2[S].北京:中国计划出版社,2015.

[10] 中华人民共和国住房和城乡建设部.预制混凝土剪力墙外墙板:15G365-1[S].北
京:中国计划出版社,2015.

[11] 中华人民共和国住房和城乡建设部.预制混凝土剪力墙内墙板:15G365-2[S].北
京:中国计划出版社,2015.

[12] 中华人民共和国住房和城乡建设部.桁架钢筋混凝土叠合板(60 mm 厚底板):
15G366-1[S].北京:中国计划出版社,2015.

[13] 中华人民共和国住房和城乡建设部.预制钢筋混凝土板式楼梯:15G367-1[S].北
京:中国计划出版社,2015.

[14] 中华人民共和国住房和城乡建设部.预制钢筋混凝土阳台板、空调板及女儿墙:
15G368-1[S].北京:中国计划出版社,2015.

[15] 中华人民共和国住房和城乡建设部.装配式混凝土结构住宅建筑设计示例(剪力墙结构):15J939-1[S].北京:中国计划出版社,2015.

[16] 肖凯成.装配式混凝土建设施工技术[M].北京:化学工业出版社,2019.

[17] 宫海.装配式混凝土建设施工技术[M].北京:中国建筑工业出版社,2020.

附录 "1+X"装配式建筑构件制作与安装职业技能等级证书考核评分标准

1. "1+X"装配式建筑构件制作与安装职业技能等级证书介绍

2019年国务院发布了《国家职业教育改革实施方案》(简称《方案》),《方案》指出启动1+X证书制度试点工作,试点工作要进一步发挥好学历证书作用,夯实学生可持续发展基础,鼓励职业院校学生在获得学历证书的同时,积极取得多类职业技能等级证书,拓展就业创业本领,缓解结构性就业矛盾。国务院人力资源社会保障行政部门、教育行政部门在职责范围内,分别负责管理监督考核院校外、院校内职业技能等级证书的实施(技工院校内由人力资源社会保障行政部门负责),国务院人力资源社会保障行政部门组织制定职业标准,国务院教育行政部门依照职业标准牵头组织开发教学等相关标准。院校内培训可面向社会人群,院校外培训也可面向在校学生。各类职业技能等级证书具有同等效力,持有证书人员享受同等待遇。院校内实施的职业技能等级证书分为初级、中级、高级,是职业技能水平的凭证,反映职业活动和个人职业生涯发展所需要的综合能力。

教育部将装配式建筑构件制作与安装列为试点证书之一,对土建类高职高专教育教学改革以及"双高"建设具有重要意义。

2. 考核方法

装配式建筑构件制作与安装职业技能等级证书分初级、中级和高级三个级别,每个级别均应通过科目一(在线机考)和科目二(实操考核)的考核。初级、中级、高级证书科目一的考核内容见附表1～附表3,考试时间初级90分钟、中级120分钟、高级150分钟,总分60分及以上为合格。科目二的考核内容三个级别相同,具体见附表4,考试时间90分钟,总分60分及以上为合格,如果低级别的证书需要升级为高级别证书,只需要考科目一,科目二则免考。

附表1 初级证书科目一考核内容

序号	考核模块	考核项目	考核内容	分值比例	考核方式
1	理论考核	大纲全部知识要求	基础知识与职业素养、构件制作与装配式建筑施工专业知识	20%	机考
2	岗位技能模拟考试	构件制作	根据给定的构件图纸进行模具准备、钢筋绑扎与预埋件预埋、浇筑、养护脱模、存放防护等构件生产岗位技能模拟操作	80%	
3		主体结构施工	根据给定的图纸进行施工准备、竖向、水平构件安装、套筒灌浆连接、后浇混凝土施工等装配化施工岗位技能模拟操作		
4		维护墙和内隔墙施工	根据给定的图纸进行外挂维护墙安装、内隔墙安装及接缝防水施工等装配化施工岗位技能模拟操作		

附表2　中级证书科目一考核内容

序号	考核模块	考核项目	考核内容	分值比例	考核方式
1	理论考核	大纲全部知识要求	基础知识与职业素养、构件制作与装配式建筑施工、质量验收、构件深化设计专业知识	30%	机考
2	岗位技能模拟考试	构件制作	根据给定的构件图纸进行模具准备、钢筋绑扎与预埋件预埋、浇筑、养护脱模、存放防护及生产质量检验等构件生产岗位技能模拟操作	40%	
3		装配式建筑施工	根据给定的图纸进行施工准备、构件安装与连接等装配化施工等装配化施工岗位技能模拟操作		
4		质量验收	按给定的条件和数据完成预制构件进场、安装与连接及隐蔽工程等质量验收技能模拟操作		
5	构件深化设计	案例	根据题目要求完成预制构件连接点、加工图设计及物料清单表的编制等考核内容	30%	

附表3　高级证书科目一考核内容

序号	考核模块	考核项目	考核内容	分值比例	考核方式
1	理论考核	大纲全部知识要求	基础知识与职业素养、构件制作与装配式建筑施工、项目管理、专项设计专业知识	20%	机考
2	仿真考核	构件生产	根据给定的构件图纸进行构件生产全流程仿真操作	50%	
3		装配式建筑施工	根据给定的图纸进行装配化施工流程仿真操作		
4		项目管理	根据题目要求完成项目策划、设计管理、项目采购、生产与施工管理及BIM技术应用等综合管理考核任务		
5	专项设计	案例	根据题目要求完成主体结构;围护墙和内墙、装修和设备管线、装配率计算与评价、深化设计及设计协同等专项设计考核	30%	

附表4　科目二考核内容

项目	考核项目	考核内容	考核方式	备注
1	构件制作	模具准备与安装、钢筋与预埋件施工	分组操作单人评定	必考项
2	构件吊装	剪力墙墙板吊装及墙板间后浇连接准备/外挂围护墙吊装与连接		三选一抽签决定
3	构件灌浆	套筒灌浆(剪力墙/柱)		
4	接缝防水	外墙十字缝接缝防水施工	单人操作单人评定	

3.考核评价标准

科目一实行机考,得分60分及以上为合格,然后有资格参加科目二考试。两个科目均合格后可以取得相应级别证书。

附1 装配式1+X 评分标准　　附2 构件制作 质检表　　附3 构件安装 质检表　　附4 构件灌浆 质检表

附5 构件制作实操 流程教学视频　　附6 构件安装实操 流程教学视频　　附7 密缝防水实操 流程教学视频　　附8 构件灌浆实操 流程教学视频